儿童青少年
行为心理学

荣文婷◎著

西苑出版社
XIYUAN PUBLISHING HOUSE
·北京·

图书在版编目（CIP）数据

儿童青少年行为心理学 / 荣文婷著 . -- 北京 : 西
苑出版社 , 2020.9
ISBN 978-7-5151-0759-2

Ⅰ . ①儿… Ⅱ . ①荣… Ⅲ . ①儿童心理学②青少年心
理学 Ⅳ . ① B844.1 ② B844.2

中国版本图书馆 CIP 数据核字 (2020) 第 105789 号

儿童青少年行为心理学
ERTONG QINGSHAONIAN XINGWEI XINLIXUE

责任编辑 汪昊宇 刘 崴
封面设计 张合涛
出版发行 西苑出版社 XIYUAN PUBLISHING HOUSE
地　　址 北京市朝阳区和平街 11 区 37 号楼 邮政编码：100013
电　　话 010-88636419
印　　刷 天津旭非印刷有限公司
经　　销 全国各地新华书店
开　　本 880mm×1230mm 1/32
字　　数 190 千字
印　　张 8.75
版　　次 2020 年 9 月第 1 版
印　　次 2020 年 9 月第 1 次印刷
书　　号 ISBN 978-7-5151-0759-2
定　　价 49.80 元

前言
preface

冲突与对立：儿童青少年40种行为的心理解读

“跟你说没用！你根本不了解我，你甚至不认识我。”

身为家长，我想没有什么会比听到自己一手抚养大的孩子说出这样一句话，让我们更感到丧失信心并沮丧的了。

每一个孩子的降临都给家庭带来了无限的欢乐、喜悦、期待。面对这个柔软的、没有语言能力和行动能力的婴儿，家长们都想竭尽所能地给予孩子自己拥有的全部。脱离母体那幽暗温暖的环境，新生儿对这个光亮的、新鲜的世界充满了兴趣。这个全新的环境不断激发他的欲望，让他想触摸、品尝、表达，想坐起来、想爬行、想行走。这些目标和动机，不断地促进新生儿的行为发展，增加他独立生存的能力，也不断推动他的心理走向自主、自立。

从婴幼儿到青少年，当孩子可以自主掌握运动器官的使用方法时，孩子与父母之间的冲突也逐渐开始了：在哺乳期，3～5个月的婴儿就会有用手推开母亲乳房的行为，表达拒绝母亲继续哺乳的意愿；当孩子可以独立爬行时，父母不得不在房间里增加一些防护性措施，来阻止和限制孩子的进入；当孩子具备站立和独立行走能力时，父母就不得不时刻盯住孩子，防止有打碎花瓶、撕烂书籍、推翻桌子等“灾难性”事件的发生。

随着孩子自主行为能力的增强，孩子的目标和动机也不断发生变化，到了青少年时期，独立做决定、控制自己的生活、具有自己的话语权成为青少年时期最重要的发展内容。孩子的自主探索行为和内心的自主独立意识不断挑战父母的内心底线，家长与孩子的“冲突”也不断升级，特别是多元文化背景下成长的青少年，在当今互联网极度发达的新型社会中，青少年与父母的“冲突”会变得非常普遍。这些问题一般集中在家庭内部的亲密关系、家务劳动、朋友的选择、学习、生活习惯、性之类的问题上。实际上，这正是孩子的“自我”与父母的“权利”之间的较量；这是孩子越来越希望获得对自己生活的主导性，父母逐渐丧失在孩子生活中的权威性的一个过程；这也是孩子正在经历的一个自我实现阶段和父母逐渐为其敞开大门的自然过程。

然而这个过程并不轻松，冲突和权利的争夺之战几乎家家不能幸免，一般会持续 3 ～ 5 年，甚至更久。如果父母对处于儿童青少年时期的孩子追求自我的行为处理得当，经历“斗争”的孩子，最终将与父母“和解”，重新形成更为“平等”的亲子关系，成长为具有独立人格的人。如果处理不当，孩子很有可能会为了寻求自我，产生过激的行为，从此变得抑郁、叛逆、远离父母甚至逃离家庭。

从心理学的角度，我们知道，任何行为的背后都有心理意识与之关联。心理学研究者、教育者简·尼尔森博士曾提出：孩子的过激行为，往往来自归属感、爱与关注的缺失。因此，当父母面对儿童青少年时期的孩子那些“不可理喻”的行为时，我们除了忍耐、包容外，更需要了解和掌握一些心理学知识，去更深入地了解孩子行为背后的内心世界，让我们与孩子的“冲突”过程可以过渡得更顺利些。

作为“千禧后”“一零后”的家长，我们较之以往的家长，面临更多的挑战：中国经过 40 年的改革开放，目前已成为世界第二大经济体。我们的孩子需要成为创新型人才。因此，他们不仅是“听话”“懂事”，他们更需要“自我”“个性”与“想法”。这就更需要我们家长智慧地去对待孩子们那些为了实现“自主”、追求“自我”的过激行为，有步骤地去给予孩子们一个能让其自由发展的环境，帮助他们完成自我实现。

本书列举了儿童青少年在家庭、学习、社交、人格、习惯、性爱等方面常见的 40 种行为，作者为读者逐一解读孩子们真实的内心。

目录

CONTENT

第三章　社交篇——家庭是孩子最初的社交圈

第四章　人格篇——接纳孩子是给予他们最好的爱

第五章　习惯篇——别太在意，谁都会有些“小爱好”

第六章　性爱篇——成人世界的初体验

第一章

家庭篇——孩子的成长，家长的修行

第 1 节　叛逆：孩子表达自由意志的特殊方式

【孩子叛逆行为的心理解读】

婴儿期的叛逆

在孩子婴儿期时，他们的叛逆行为也随之而来。

在他们手脚还不是很灵活时，就已经会用哭来表示自己不愿意的内心活动了。随着他们的肢体越来越灵活，表达不愿意的方式也越来越多样：吃饭的时候，扯掉系在脖子上的围嘴；发出呜呜的声音示意自己要离开安全座椅；玩着玩着突然停下来，转身爬走，爬去自己想去的地方……

特别是在孩子接近八九个月时，他们可以独立爬行了，自我意识也逐渐开始萌发了。他们变得“有心眼儿”了，不再听从家长们的安排。他们通过观察学习，不断地掌握新的技能，觉得自己越来越“有能力”了，于是不断去挑战新的技能，对于已经掌握的技能不屑于重复。这就出现了：能坐稳的时候，他非要站着，能站稳的时候，他非要去蹲下，能站能坐的时候，他开始要起来走路，能走路的时候，他又不想动了，求抱着……孩子就在这样看起来“无厘头”的循环中一天天地长大了。

这就是婴儿期的不顺从，随着他们逐渐长大，他们叛逆的方式也越来越多样化。

幼儿期的叛逆

随着孩子逐渐长大，他们的体力越来越强，控制身体的能力、语言表达能力都有所提升。他们从最初的哭、叫、动作为主的叛逆行为，逐渐发展到语言为主的叛逆行为。

1.5 ~ 3 岁，宝宝抗议的第一个小高潮

相比较于婴儿期的反抗意识和叛逆行为，到了 2 岁左右的宝宝，家长们会发现，婴儿期的叛逆行为真的是“小儿科”。或许我们还在怀念他第一次说“不”时，发出娇滴滴的奶声奶气时的美妙，转眼间，当“不”变成了口头禅时……

“宝宝，我们出门好不好。”

“不。”

“宝宝，今天穿蓝色的衣服好不好？”

“不好。”

“想不想跟妈妈去超市买好吃的？”

“我不想。”

更丰富的诉求

他们会用更清晰的语言表达自己的“不”的意愿，同时，他们也会用语言来表达自己更多的诉求。

在孩子处于婴儿期时，他们的“诉求 = 需求”，孩子们提出的诉求是他们的“必需品”，譬如，食物、水、玩耍、陪伴、尊重、关注……是让一个孩子能够健康成长的基本元素，这是家长

们要竭尽所能地去满足他们的。

而到了幼儿期，他们的“诉求 > 需求”。由于他们的认知能力有限，在提出诉求时，并不会考虑诉求的合理性，只会认为“现在，我需要马上实现”。

譬如“我要睡在帐篷里。”——他知道家里新买了帐篷，他很喜欢，他要跟“帐篷”一起睡。但是他不会考虑帐篷是户外用品，是为了出门郊游的时候用的，不会考虑晚上睡在里面会不会冷……所以对于他们提出来的诉求，家长们要理智地判断哪些是必须满足的，哪些是“过分的诉求”，当我们没有办法满足他们“过分的诉求”时，孩子的反抗意识和叛逆行为也就随之而来。

动作能力的高速发展

他们的身手越来越敏捷，行走、跑、跳、弯腰，行动方式基本与成人无异，他们的活力超强，不断地扩大自己的活动范围，不断地去挑战新的“高难”动作，不断地去发现、去探索、去尝试，这也是在一步步地挑战家长的底线。

同时他们的自我意识也达到了一个高峰期，已经有“我”的概念了，清楚地知道自己想做什么，想做自己喜欢做的事情，不希望被干涉，但是也开始逐渐了解自己不被允许做什么。所以当他们“渴望”和“不被允许”做的事情相抵触时，矛盾再一次地出现了。

不成熟的“自我意识”

幼儿期的孩子，虽然有了“我”的概念，但是他们对于“我”的认知尚未丰满；对于“我”的“管控”尚未形成。他们虽然有自己的想法，但是思维能力有限，语言能力也受限于词语，逻辑性、灵活性差，所以经常没有办法清晰地表达自己真正的“需求”，家长理解不到他们的心思，往往会惹怒他们，让他们急得跺脚。

另一方面，他们自我控制能力没有形成，特别是情绪的控制能力、耐性都很差。他们的诉求一旦没有被“立刻、马上”满足，情绪会瞬间冲破了防线，哭闹起来。这时候，家长就会觉得这孩子脾气大，越来越过分。

青春期的叛逆

青春期是出了名的叛逆时期，多少年来，青春期的少年问题都被看成一个难题，这让孩子们与家长一直处于困惑之中。

我们经常认为当下的青少年不如“我们那一代”，我们认为他们浮躁、自我、缺乏合作意识、盲目自信却眼高手低，认为他们就是“麻烦”的代名词，缺乏基本的礼貌。

青少年却认为他们与我们之间永远有一道无法逾越的鸿沟，他们不愿意过来——他们认为我们无法理解他们真正的需要，我们也不想过去——我们认为他们应该多“听”老人言。

青春期的“同一性”

我是谁？我究竟怎么回事？我要什么？我要成为怎样的人？我如何能成功……“同一性”是青春期的主旋律，也是构成青少年叛逆的核心因素。

“同一性”是心理学家埃里克森提出的理论。他认为青少年要面对自己是谁、自己究竟是怎么回事，以及未来该何去何从的问题。青少年们在青春期通过不断地去探索、去尝试不同的角色，完成对自己全新的认定。这是他们又一次的飞跃，是他们成人的前奏。

然而这个重要的篇章往往会引起父母的不适。孩子们内心的成长意识，让他们迫不及待地想要为自己的生活负起责任。他们会开始向自己想要的未来的生活前行，他们甚至会为了达到未来的目标，全盘否定过去的自己，重建一个新的自己。家长们会觉得，那个曾经“言听计从”的孩子突然变得叛逆、有主意、时常困惑；那个曾经“无话不说”的孩子突然变得沉默和独来独往；那个曾经“乖巧温顺”的孩子突然变得暴躁、易怒又爱反讽……其实这只是孩子在尝试，他们在尝试自己的另一面，或者说是按照自己的意愿在重塑另一个自己。

同一性与依赖

虽然他们渴望独立地去探索、去寻找未来的自己，不愿意被家长干预，他们想有自己的观点、喜好，不愿意被家长品头论足，但事实上，他们又极为缺乏经验，无论是社会经验还是生活经验，所以，他们在尝试的过程中会常常碰壁。遇到困难的时候，他们又会惯性地想去依赖父母，获取父母的帮助。所以，他们看起来是矛盾的，极度渴望独立又不得不去依赖。矛盾的心理让他们的情绪起起伏伏。

对同一性的误解

我们希望孩子能够独立，能够掌控自己的生活，做自己未来的主人，然而孩子的选择未必与我们一致。当他们的决定与我们内心的期待不一致的时候，甚至跟我们的期待截然相反的时候，我们认为孩子们在跟我们“对着干”、在“叛逆”。

为了让孩子独立，有更广阔的视野，更多元的人生选择，老谷早早地把16岁的儿子送到加拿大读书。然而让老谷万万没想到的是，儿子读完预科，并没有申请大学，而是选择了汽修专科。老谷当年也是我们国家第一批重点大学毕业的高才生，是国家科研院所的高级工程师，没想到费尽心思送出国的儿子，竟然读了个大专。“这分明是跟我对着干呢！让我的老脸往哪儿搁？”

而儿子却有自己的想法。“我爸对于汽修的概念还停留在穿着一身脏衣服、抹着一脸黑油的汽修工的认知上。我喜欢车，喜欢研究车，把自己喜欢的事当作自己的奋斗目标，这不是一种幸福吗？再说了，我读完书，工作几年，有了社会经验，如果那个时候我还想继续深造，就再申请读大学呗，我怎么就成大逆不道了？”

两年以后，小谷从汽修专业毕业，不仅找到了一份收入不菲的工作，还成功办理了移民，在海外安了家，这又着手开始准备技术认证考试，让他老爸感觉扬眉吐气：“我就说虎父无犬子嘛！”老谷开心地说。

孩子就是在这一步步的决定中，逐渐走向成熟的。每当他们做了一个决定，他们就离家又远了一步，但是离自己真正的生活又近了一步。他们在建立自己价值观和信念的过程中，通常会有一段时间会拒绝家长的价值观，甚至是有着与家长截然相反的信念。这不是叛逆，实际上，他们只是在完成自己的同一性发展。

青春期的情绪

说到情绪，青春期一直被描述为一段情绪混乱的时期。经研究发现，青少年的情绪并非一直混乱或者一直处于“暴风骤雨”的状态，他们只是会频繁地出现情绪的高峰和低谷。他们会给我们一种喜怒无常的感觉，或者说，他们情绪的变化让我们感觉无厘头——犯得着生这么大气吗？有这么严重吗？其实这只是他们还没有学会更好地跟自己内心的情绪相处，没有学会更好地表达自己的情绪而已。

【家长该怎么做】

那么，对于不同年龄孩子的“叛逆”，我们家长能做些什么呢？

对于每个时期的孩子，尊重、理解、信任都是可以更好地相处、建立更紧密的亲密关系的前提。

行为主义的万金油——正向强化：对希望孩子出现的行为进行鼓励，对不希望孩子出现的行为我们不去强调和关注，避免产生负强化。

婴儿期的叛逆

家长往往会竭尽所能地满足婴儿期孩子的全部需求，但这并不代表一味地听之任之，我们也可以做一些事情，让他们和我们都快乐地体验生命之初的美好和喜悦。

譬如，虽然婴儿的理解能力尚待发展，但是学习模仿能力很强，所以我们可以尝试用“行为”代替“语言”来引导孩子。

幼儿期的叛逆

幼儿期的孩子天马行空的诉求，我们自然没有办法满足，但是我们可以帮助他们一点点地认知事物，了解事物之间的联系和逻辑关系，帮助他们认知这个世界，而不是一味地跟他们说“这个不可以，那个不行”。

在他们发脾气的时候，我们可以帮助他们看见自己的情绪、认知自己的情绪，让他们逐渐学会表达自己的情绪。

为孩子示范正确的行为，而不是揪住孩子错误的行为反复碎碎念。

有时试着退一步，忽略孩子的行为，让他自己消化下情绪，不指责，不强化。

青春期的叛逆

既然孩子想独立，家长就要给予充分的空间让孩子独立。

独立从自理生活开始，家长逐渐从孩子的日常生活琐事中退出来，让孩子独立处理。

对于与孩子意见发生矛盾或者想法不同时，多给孩子点时间，退后一步，哪怕知道他一定会犯错、会失误，就当给他一次试错的机会，也是一次成长。

像对待成人一样对待他，像朋友一样分享、沟通。只有建立良好的沟通模式后，才可能有机会引导孩子。

处理好自己的情绪。大多数情况不是孩子离不开家长，而是家长放不下孩子，孩子迟早会成年、离家，有他们自己的生活，我们要接受这个不争的事实。

第 2 节　出走：太多的爱也会逼走孩子

我想作为家长，没有什么比深夜推开孩子的房门，却发现他不在他的房间里更糟糕的事情了吧。孩子离家出走，是每个家庭的噩梦。更让家长震惊的是，几乎每个处于青春期的孩子都有不止一次想要离家出走的念头。

在美国，每年有 160 ～ 280 万的青少年离家出走，最小的出走年龄在 10 ～ 14 岁，为了帮助这些漂泊在外的孩子及其家庭，美国联邦政府成立了 NRS 热线（National Runaway Safeline，美国离家出走者热线），为那些离家出走和想要离家出走的孩子、孩子的家人提供一个可以交流的渠道。自 1971 年成立以来，每年接到超过 10 万的电话，其中有超过一半的数量是来自青少年。

根据 NRS 的统计，有 47% 出走的孩子是因为跟家人或者监护人产生了矛盾；有超过 50% 出走的孩子告诉热线，他们的父母并不在意他离家出走；有 80% 离家出走的女孩反映她们曾遭受过性侵或者虐待；有 43% 的孩子说他们因为虐待而离开家里……

回忆一下刚刚过去的一个小时，又有 6 个孩子离家出走了。在英国，每年有至少 10 万的儿童离家出走，然而这只是一部分的统计结果。——来自 The Children's Society（为英国弱势儿童服务的慈善机构）。这些离家出走的孩子之中，五分之四的孩子流落街头，处于危险之中。

这些数字是触目惊心的，也让每个做家长的感到沮丧。在我国，青少年离家出走也逐渐呈上升趋势，这让很多家长和学校束手无策，也引起了社会的广泛关注。

从儿童到青少年的转变开始于青春发育加速期，也就是我们平常所说的青春期。这个时期的孩子的身高和体重开始快速地增长，女孩一般开始于10.5岁，12岁到达高峰，男孩相对女孩滞后些，13岁进入发育加速期，14岁到达高峰。生理方面的剧烈变化，荷尔蒙的大量分泌让处于青春期的孩子们身体快速成熟起来，他们开始关注自己身体的变化，同时他们的心理也开始发生变化。他们渴望被认同、被关注，一方面由于神经系统的成熟在思维上躁动不安，异常活跃；一方面内心充满困惑和不安，却又羞于表达而显得异常安静。他们看起来已经具备成人一切生理上的机能，但由于思想单纯，社会经验不足，在心理上缺少解决问题的办法。

而在这段发育异常迅猛的时期，恰好又是离家出走孩子的高发年龄，虽然没有数据显示二者必然的相关性，但从心理学角度，我们可以把二者联系起来，找出这些孩子出走的诱因。

【孩子出走行为的心理解读】

任何一个行为的发生需要三个因素：行为能力、行为愿望和发生行为的机会。事实上，孩子一直具备出走的能力和出走的机会，所以，真正导致出走发生的核心原因，是他们突然产生了出走的行为愿望。为什么？

压力“逼”走了孩子

“你们期待的眼神，就像牢笼一样套住了我，让我无法呼吸。”——一位离家出走的孩子写给爸妈的信。

他们感觉到压力但不想面对，又不知道该如何解决，所以选择了离开，这是离家出走孩子最常见的心理原因。青春期的孩子，承担着学习和情感上的双重重负。据调查，20% 的家长在学业上对孩子期望过高，父母将他们的期待不断地传递给孩子，有的是强硬直接的，有的是温柔含蓄的，总之，他们让孩子处于被监控的状态，当孩子无法完成或者无法达到父母期待的目标时，就产生了出走的愿望。孩子渴望自由、渴望无拘无束，所以，想逃离现实，就从家里逃走了。

情感萌发

孩子生理上的发育，让他们的情感也开始萌发。他们开始变得敏感、害羞，无论男孩女孩，都开始特别在意自己的外在形象；他们有了那种朦胧的感觉，或许已经开始尝试恋爱，但是他们的情感却不被家长允许，无处释放、无人诉说。这些情感诉求，同样转变成压力，堆积在心里，蓄势待发。一旦有一个火种——与恋人或同学发生口角、失恋，加上父母的责骂等，很容易点燃内心渴望逃离的熊熊烈火。

寻求一种心理满足感

青春期的孩子终究还是一个孩子，他们简单、直接、非黑即白。他们期待不同寻常，希望自己吸引人、被人关注，但由于没有太多的社会经历，他们对是非判别能力极弱，很容易被误导、被诱惑。一些研究发现，处于青春期、早熟的女孩经常会找一些年龄较大的男孩为伴，在这些大龄同伴的影响下，她们可能沾染一些恶习：抽烟、酗酒、吸毒等，甚至离家出走，而她们对这些行为没有抵抗力。

自尊心、独立意识被侵犯

青春期是从儿童到成人的过渡，他们集中全部的力量，朝着独立和自我生长，他们对独立人格的渴望比之前的或是之后的任何时期都强烈。他们开始渴望从父母的庇护下脱离出来，渴望证明自己，他们想独立地完成自己想做的事情，他们在乎自己的一切，无论是形体、外貌还是成绩。然而，当他们的自我和父母的期待发生矛盾时，当父母仍然想依靠权威来控制他们时，当父母频繁地去指责孩子在意的事情时，这些孩子独立意识的领地就被侵犯了。他们不再觉得家是保护自己的地方，而觉得这个家里充满了敌意，让他无处藏身，他只能逃离。

家庭环境不再满足孩子的需求

家庭环境突然出现了变故：父母突然分开、新家庭成员的加入、至亲的离世；或者家庭环境不稳定：父母常年吵架、酗酒、吸毒；或者家庭环境无法给予孩子支持：父母忽视、过度控制……家庭应该给予孩子安全感以及父母的爱和关注，当这些不复存在的时候，孩子就会简单地想通过别的途径来获取。他们用离家出走来吸引父母的注意力，让他们“看见”自己；逃到有“共同语言”、同是“天涯沦落人”的朋友那里，或者两个人一起逃离，来满足自己对爱和理解的需求；用逃离来麻痹自己，可以不去面对这些解决不了的麻烦。

【家长该怎么做】

营造快乐的家庭氛围

孩子离家出走的家庭不是不好的家庭，父母也不要给自己贴上不称职的标签。但是父母需要反思的是，自己是否给予孩子一个平和快乐的环境。积极心理学告诉我们：人的经验是在环境中得到体现的，同时环境又很大程度地影响人。快乐的氛围、积极的环境能够给予孩子安全感，降低孩子的畏惧心理，让孩子处于放松的状态，有助于减少孩子的烦恼，帮助孩子自我学习，自我思考。

出走的孩子不是坏孩子：张开双臂，接孩子回家

我们不要给出走的孩子贴上“坏孩子”的标签，他们只是在走投无路的时候做了一个不好的决定。——心理治疗师这样说。

70% 的孩子是一念之间选择了离家出走。所以，当孩子回家时，给孩子一个拥抱，让他知道家才是最安全的，父母会永远无条件地接纳他，支持他和爱他。

教会孩子如何去处理问题

授人以鱼不如授人以渔。孩子的成长需要内外同步，他们不仅需要身体上的营养，更需要心理上的养分。他们除了要掌握知识、技能，更需要逐渐地学会独立处理情感上、社交上遇到的问题。家长们要善于观察，启发式地引导孩子遇到问题时开展深入的思考，并不断地给予孩子正向的鼓励，让他感觉到自己越来越成熟、越来越值得信任。

让孩子收到你的关注

作为一名中国家长，我们并不善于表达自己的情感，特别是对我们亲近的人。我们更善于用做一顿丰盛的晚餐、打扫房间等行为来表达自己对家人的爱和关注；我们更关注孩子是不是生病了，身体是否健康，这对于我们的家庭和孩子都是不够的。孩子不仅仅需要强健的身体，更需要情感上的理解、交流，他们期待

能有人坐下来，问问他们最近怎么样？有没有什么需要帮助的地方？有什么感兴趣的事发生？孩子也需要通过父母之间“爱”的交流，来学会如何表达情感、与亲近的人沟通。所以，当我们回到家时，最应该做的是放下手中的一切，跟孩子和爱人坐在一起面对面地交流，哪怕就是聊一聊今天都发生了些什么，让孩子感受到你的关注。

帮助孩子学会面对问题

当家长们感觉到孩子有出走的苗头时，或者孩子拿出走作为“谈判条件”时，我们应该保持平静和理性。我们应该知道，在这个叛逆期的孩子，任何阻挠都可能是压死骆驼的最后一根稻草，给孩子一个回旋的空间，让他知道，逃避解决不了任何问题；也要告诉他逃走之后可能面临的事情会更加复杂和可怕，后果会更严重和为此需要面临的风险。要让孩子知道你不想让他走，你愿意跟他一起寻找解决问题的办法。

第 3 节　争夺：二胎时代，如何摆平同胞竞争

二胎时代到来，周围的妈妈们不少开始再次孕育宝贝。但跟第一次怀孕不同的是，身边总有个小不点似懂非懂地问东问西，妈妈们的压力和困扰也随之而来。

"两个孩子能友好地相处吗？"

"我家这个现在就是小霸王，会不会欺负肚子里这个？"

"虽然我尽力做到最好，但还是心疼老大，这么小的年纪，爱就被人分走了。"

"独生子女"的家庭模式是我国根据国情提出的"计划生育"政策的产物。随着时间的流转，当年的独生子女现在正值育龄，又恰好赶上了国家"开放二胎"的新政，这些从小"独"惯了的 "新手爸妈"，从来没有过跟亲兄妹相处的经历，在面临二胎即将降临时，难免会有些焦虑。其实，大批集中的独生子女，只是我国阶段性政策的产物。无论是在国外，还是回顾我国悠久的历史，一个家庭里有两个以上孩子是很普遍的现象，这也符合人类繁衍和生理结构的需求。所以家长们不要太过焦虑和紧张，只要与家人一起做好二胎准备，打造和谐的家庭氛围并非难事。

【同胞竞争行为的心理解读】

心理学中有一个专有名词“同胞竞争障碍”（sibling rivalry disorder）用于描述年龄稍小的弟弟（妹妹）出生后，孩子发生的某种程度的感情紊乱，属于儿童情绪障碍的一种，行为表现为嫉妒婴儿、模仿婴儿等社会性退缩行为，与父母对立冲突、发脾气，产生痛苦的焦虑情绪等。同胞竞争障碍的行为在大多数多子女家庭中都或多或少地会出现，是较为普遍的现象。即便是在国外，多子女已经是极为常见的家庭结构，但如何有效地处理长子（女）和新生孩子的同胞竞争现象，仍然是家长面临的最大育儿问题之一。造成同胞竞争的现象的成因有很多，具体有以下几个方面。

互动缺失

由于第二个孩子的出生，父母与第一个孩子无论是情感上还是行为上的互动强度和质量较之以往会有明显减少和降低。这会导致第一个孩子情绪上出现低落、焦虑和压力等；如果年长的孩子久久得不到家长的积极回馈，情况可能会越演越烈，孩子可能会出现明显的充满敌意的行为，甚至出现故意伤害弟弟妹妹的攻击现象，造成惨剧。

证明自我

另外，家庭中每个孩子都是独特的，每个孩子都渴望通过竞争来证明自己的独特性，特别是他们在出现自我意识之后，会渴望通过不同的行为，来尝试找到自己的特长所在，找到自己的兴趣，证明自己与其他兄弟姐妹的不同。

挫败感增加

印度的一个研究机构曾经做过一个研究，即当儿童的挫败感增加时，会转向攻击环境，并且期待他人来解决挫败问题，也会有转向攻击自己的可能。因此，当孩子认为他们遇到不公正的待遇、感觉到不公平时，也可能出现同胞竞争的现象。

不会表达情绪

孩子年龄尚小，并不会表达和处理自己的情绪，只能通过不情愿——抗拒新生儿、缺乏积极的关怀，不配合——拒绝友好的互动、拒绝分享，时常哭闹，不讲道理等行为方式来表达，从而期待获得父母的关注和喜爱。

吸引注意力

有的时候，孩子们只是想吸引兄弟姐妹的注意力，希望可以和他们一起玩，但是并不知道如何积极地行动才能达到自己的目的，所以他们选择与兄弟姐妹打架的方式，吸引他们的注意力。

被剥夺感

当两个孩子存在矛盾时，特别是动手打得不可开交的时候，有的家长一心急，会不自觉地脱口而出：“你是大孩子了，要让着弟弟（妹妹）！”“你就把玩具给弟弟（妹妹）玩又能怎么样呢？”或者直接从行为上阻拦住年龄大的孩子，这是家长潜意识里认为大的孩子就该让着小的孩子，大的孩子会欺负小的孩子的一种行为表现。父母的行为或者话语会更让孩子有一种感情“被剥夺感”，更刺激孩子形成“竞争”意识，增加了大孩子的“逆反”情绪、情感，不利于缓解两个孩子之间的“同胞竞争”效应。

每个孩子的性格都不相同，不同孩子表现出来的行为也不尽相同，但是孩子出现的种种不可理解的行为的目的是相同的，即渴望被爱、被关注、获得父母的尊重，渴望获得稳定的安全感。

【家长该怎么做】

我们并不需要过分地担心，给孩子贴上“同胞竞争障碍”的标签，大多数孩子都比我们想象的要坚强，也会很好地面对弟弟（妹妹），接纳新孩子的到来。如果我们做好准备，一定会幸福地体会四口之家的美好。

家长们要从心理上对自己要二胎的行为给予真正的认同

多个孩子的家庭可以给予孩子更多的陪伴感和安全感，研究表明，相比较于一个孩子，有兄弟姐妹的家庭环境对孩子的个性会有积极的影响，例如，孩子的性格会更外向，会更容易与人相处。所以家长要对二胎有一个正确的认知，才可以正确地引导大宝接纳二宝。

把孩子当成真正的家庭成员来对待，真正地尊重孩子

家长及时地告知孩子妈妈怀孕的消息，与孩子一起为这个新的家庭成员的到来做好准备。这一点其实并不容易做到。有的家长在怀二胎之后，告诉了丈夫、父母、亲戚、朋友，却迟迟没有告诉她的孩子，直到肚子显怀，甚至有的家长一直采用欺骗的方式，隐瞒到孩子出生。这无疑对于一个敏感的、渴望获得尊重的孩子是一个不好的开始。直接地、简单地、及时地（最好是获得第一张超声影像的时候）告诉孩子你怀孕的消息，可以借助一些带有图画的书籍，让你的描述更加形象。虽然，对于年龄较小的孩子来说，他可能并不能理解为什么妈妈的肚子里会有一个小人，也不能想到未来会有人跟他分享妈妈的关注和他的玩具，也可能他的反应会与你之前所有的预想都不同，但是平静地、直接地告诉孩子这个值得高兴的消息，是对孩子最好的尊重。

对孩子及时响应，建立安全型的亲子依恋关系

安全型的亲子依恋关系，是指家长在照料子女时，从婴儿期就采用敏感型照料方式，即对婴儿的需求作出及时的、迅速的、

一致的反应，使婴儿在与家长交往中感到愉悦，构成了安全型的亲子依恋关系，给予子女安全感和信任感。

让孩子们合作而不是竞争

孩子的种种行为，都是将即将出生或者已经出生的小宝宝作为假想敌和竞争对手，是来跟他“竞争”“抢夺”父母的爱。因此，不要将孩子互相比较，要积极地引导孩子学会一起玩，让他们共同完成一个作品，而不是互相比拼谁的更好。

真正公平地对待每一个孩子

公平与平等是两个概念，公平是父母对待孩子的态度。让每个孩子感觉他们得到了同样的关注和爱、纪律与要求；让每一个孩子感觉自己的独特被满足；在他们看到年长的孩子在享有特权的同时也承担了更多的责任的时候，他会感觉到这个家庭的公平。

正向行为支持

教孩子正向积极的方法，去彼此相爱。正向行为支持是一种以价值为导向的方法和过程，用来减少问题行为的发生和影响。父母需要以身向孩子们示范展示如何用积极的方式互相关心、分享、彼此照顾和成全。例如，当小孩子用喊叫或者破坏的方式吸引大孩子的注意时，要告诉孩子正确的表达方式：“我想跟你一起玩，好吗？”在孩子之间出现分享、照顾等正向行为时，大人们要及时地给予积极的肯定。同时，父母要主动有意识地营造正向的家庭氛围，对孩子的行为进行正向的解释，引导孩子正向思维。例如，当父母观察到大孩子对小宝宝的到来感到担忧时，父母要把握住时间，对孩子进行正向引导，例如，可以说爸爸妈妈的确会把一部分关注和爱给弟弟，但是弟弟也会把他的爱和关注给你。你得到的爱和关注并没有减少噢！

给一点空间，把孩子们的问题交给孩子们自行解决。无论家长怎样做准备，孩子之间也还是会因为各种各样的事情发生冲突。一个家庭是一个整体，但是父母之间，与孩子之间分别又构成自己的生态圈。父母只需示范给孩子如何解决冲突、如何在矛盾中和解，让孩子们学会换位思考问题、学会体谅他人，相信孩子们处理矛盾和争端的能力，放开手，让他们自己处理自己的矛盾，有的时候会取得更好的效果。

父母在面对孩子们的争端时，也无须太过焦虑，不是所有孩子之间产生的抵抗行为都会演变成“同胞竞争障碍”。父母只要营造好家庭环境，做好行为示范，大多数孩子不断自主学习父母处理问题的方式，会随着年龄的增长，逐渐地学会积极地表达自己的情绪、情感需求，逐渐地学会与他人分享、相处，顺利地度过这段时期。

第 4 节　挑食：用餐好习惯从娃娃抓起

孩子挑食的行为几乎是家长们最常谈论的话题之一，也是家长们最苦恼的儿童行为。有的家庭甚至由于孩子挑食，让原本平和、美好的家庭最终走向破裂，这并不是耸人听闻。

甚至还有一些极端的挑食行为者：英国一位 18 岁的少女，只吃方便面，不吃任何蔬菜、水果。就连方便面也只吃特定品牌、特定口味的。英国凯特王妃、意大利知名品牌范思哲（versace）继承人阿莱格以及我国著名主持人陈鲁豫都曾承认自己患上厌食症，饱受身体和精神上的折磨。

“就是现在生活条件好给惯的，饿他两顿就什么都吃了。”

“挑食就挑食呗，我们小时候想吃肉都没得吃，不也长这么大了？！”

“小孩子就贪图口欲，长大了懂事了就好了。”

挑食行为的确在儿童中具有普遍性，2018 年国内某高校医学院儿科对 6 ～ 36 个月的婴幼儿抽样调查，跟踪记录 1 年近 700 个婴幼儿的膳食行为，结果表明：689 名婴幼儿中，有 300 名挑食者，其中 25 ～ 36 月龄幼儿挑食发生率最高，为 40%。国外也做过类似的抽样调查，他们对 2 ～ 11 岁的儿童进行跟踪抽样，有持续 2 年以上挑食行为的儿童占 13% ～ 22%，并随着年龄的增长而逐渐减少。幼儿的挑食行为虽然普遍存在，但如果挑食持续到成年，且越演越烈，就会发展成为一种心理疾病，影响孩子的身体和生活。

【孩子挑食行为的心理解读】

儿童的饮食习惯其实从胚胎就开始了。研究显示，儿童最早的味觉出现在怀孕的第 8 周，在他还是一个胚胎的时候，他对味道的体验已经开始了。对新生儿来说，味觉是其五感（视觉、听觉、味觉、嗅觉、触觉）中最敏感也是最发达的。无论是早产儿还是足月新生儿，他们在出生时对味道就表现出了明显的偏爱，对苦、酸、咸或者中性液体（水）相比，他们吮吸甜味液体的频率更快。

而如果我们观察一个刚开始接触辅食的婴儿时会发现，仅有 6 个月的婴儿在面对新食物时的态度非常谨慎。他首先会观察父母的面部表情，然后用手试探性地触摸、揉捏，在多次获得父母鼓励后，试探性地将新的食物一点点地放到嘴边，极其慎重地品尝一次、两次，有时需要将近 1 分钟的停顿和思考（或许我们可以称其为思考），然后才会将整个食物放进嘴里。如果他不喜欢这个味道，会直接扔掉。

进化论对幼儿的饮食习惯有一种解释：大多数幼儿喜欢甜的水果而排斥略带苦涩的蔬菜，是因为甜味代表安全可食用的能量（碳水化合物）来源，相反，蔬菜中的苦味，则可能是警告有毒或含有有毒的物质，幼儿对于蔬菜特别是深色绿叶蔬菜的拒绝，是一种抵抗中毒的生存本能。

儿童的味蕾的确比成人更敏感一些，这也就是为什么有的孩子的挑食行为会随着年龄增长而逐渐消失。而且人类的口味习惯也并不是一成不变的。美国普渡大学做过一个“人类口味是否可以改变”的实验，让 65 名被试者在连续 7 天，每天喝 3 次巧克力杏仁牛奶（完全没有加糖的、苦涩的不让人喜欢的味道）。结果 7 天过后，采集这些被试者的唾液前后比对，发现这些人的唾液成分发生了变化。受试者唾液当中的一种富含脯氨酸的蛋白质含量提高了，而这种蛋白质正好就是可以和苦味和涩味结合的一种蛋白质。这些受试者也都表示，连续喝了这么多天之后，巧克力杏仁牛奶的苦涩感好像没有那么难以忍受了，现在喝起来会比一开始的时候容易很多。

但并不是所有的挑食行为都会随着年龄增长而改善，有很多儿童由于长期挑食影响了身体健康——营养不良或者肥胖（美国青少年最严重的健康问题），甚至发展为前面提到的极端案例——饮食障碍症。

从心理学角度，我们更倾向于后天的生长环境影响孩子的饮食习惯。

新生儿已经存在模仿和观察学习的能力

他们可以通过模仿家长的行为，来获取生存安全感，同时完成自我学习。他们只需对被模仿者（家长）密切观察，且不需要一再地演练，就可以观察获得的新反应。这些心理表征便会储存在个体的记忆里，在日后个体表现这个行为时起到指导性作用。

所以，很多家长的饮食习惯已经不知不觉地被观察的孩子所习得。

家长人为将食物与奖励联系在一起，形成正向或负向的联想

家长不断地用孩子喜欢的食物作为手段来强化婴儿或者幼儿的良好行为表现，或者用其达到让孩子吃不喜欢食物的目的。譬如，家长知道孩子喜欢吃巧克力，就用吃完这口饭就给你吃巧克力的诱导模式，这样不断地强化，人为地赋予食物意义，会导致孩子概念混淆，让孩子更加厌恶健康食品，喜欢垃圾食品。

不愉快的用餐体验

不愉快的用餐体验会储存在孩子的记忆中，让孩子拒绝尝试或者食用一些食物，特别是那些看起来就不怎么好吃的食物。对孩子来说，新食品的尝试是需要勇气和鼓励的。如果恰巧这个时候，陪伴的家长缺乏耐心，不断地打断和催促孩子，更会增加孩子的用餐压力，不好的用餐体验就存储在孩子的记忆里，孩子会将食物与这次不好的体验建立联系，就容易对这种食物产生抵触心理。

父母只关注营养的摄入，不关心孩子的心理，不断加剧孩子的挑食行为

英国的一个学前焦虑研究机构对 2 ～ 5 岁的学龄前儿童进行

研究，他们发现，挑食的孩子的情绪更加敏感，更有可能因为食物与家庭发生冲突，这些孩子除了存在抑郁和焦虑的症状外，他们的母亲可能出现更强的焦虑感。

【家长该怎么做】

家长的平常心

家长首先要调整好自己的心态，要相信孩子是有能力逐渐适应食物的。无论孩子喜欢或者不喜欢哪种食物，都要放平心态，不要去刻意地关注。家长的关注，反而是对孩子喜好的再一次强化。

增加用餐的快乐体验

快乐的心理感受永远对孩子行为的形成起到积极的帮助作用。在给孩子提供食物时，选取孩子喜欢的盘子来盛放，可能的话做成孩子喜欢的卡通造型。但最重要的是，家长需要减少焦虑的情绪，这很难，特别是对于已经存在挑食情况的孩子的家长，如果我们开始尝试用平静的心态来看待孩子的挑食行为，那么我们就距离成功不远了。

给予孩子用餐安全感

想让孩子尝试一些新的食物时，家长的做法也很重要。在新的食物里增加一些孩子已经熟悉的味道，会增加孩子的安全感，让孩子更容易接受。当然，要选择孩子身体状态好、心情好的时候，这都会增加成功的概率。

帮助孩子与健康食品建立一些积极的关联

既然孩子可以把不好的用餐体验与食物建立关联，那么也可以将好的用餐体验与食物关联在一起。家长可以邀请孩子的伙伴一起来吃饭，让孩子在愉快的氛围中一起品尝健康的食品。

持续让孩子接触不喜欢的味道

孩子可能第一次会拒绝尝试某种食物，或者会拒绝某些给他带来不好体验的食物，但是家长们不用太过沮丧，也不用太关注，过段时间，再次给孩子尝试。家长要清楚，孩子的内心是非常渴望满足父母的期待的，只要父母的要求不是那么过分，他们乐于努力地做到。因此，父母可以找准时机，多次尝试，哪怕每次只是一小口，只要孩子接触多了，他的唾液成分慢慢地就会有所改变，孩子就会改变对这种食物的看法。

鼓励让孩子多接触食物

家长可以帮助孩子从食物的采购开始参与食物制作过程（有条件的家长可以从食物的种植开始）。带孩子去采购食物，一起清洗、准备、烹饪，最后一起享用食物，让孩子熟悉食物，帮助孩子放下对食物的戒备心理。鼓励孩子“玩”食物——用手捏、抓，用鼻子闻、眼睛看、舌头舔。这都是孩子在进行有益的、积极的尝试，可以帮助孩子认知食物，喜欢上吃饭。

总之，父母的耐心是走向成功的基石，各位家长们，加油哦！

第 5 节　尿床：孩子难以启齿的困扰

提起尿床，大多数家长认为是小孩子的问题，殊不知，正值青春期十几岁的大孩子也有尿床的现象，这是为什么呢？

梦里我一直在找洗手间，终于找到了，畅快淋漓的时候，觉得湿湿的，我竟然尿床了，天哪！——这是在某网站上一个叫沉默的网友对自己 24 岁时尿床经历的描述。

尿床并不是一个罕见的事件，相信每个家庭都经常遇到。

佛系家长：孩子大了就好了吧？

大多数家长认为尿床现象会随着孩子年龄的增长而逐渐消失，殊不知，这个现象消失的时间会比预想的还要久一些，甚至有的孩子一直都没有消失。

据统计，初生婴儿 100% 尿床，因为他们的膀胱没有发育完善，还不能自我控制排尿，当膀胱充满尿液后，自动排出。5 岁以后，约有 85% 的孩子可以自己控制排尿，尿床的概率大大减小。但是到了青春期，仍有 1% ～ 2% 的孩子会尿床，其中男生的比率是女生的 1.5 倍。如果按 2018 年的统计数据来计算，2018 年我国初中阶段在校学生约有 5736 万人，也就是说在初中阶段，我们国家仍然有 57 万～ 100 万的孩子存在尿床的现象，还有近百万的家庭还在为孩子尿床而伤透脑筋。

尿床带来的困扰：

电影《呆呆向前冲》里，男主人公的母亲企图利用儿子尿床的事情，吓走他的女友。在现实生活中，存在尿床问题的青少年同样面临这样的困扰。他们经常会带有羞耻感、自卑感与挫败感，他们时常害怕自己“出丑”，导致学习注意力不集中，影响学习成绩，他们甚至不敢住校、不敢参加学校的外出活动，从而影响交友，有的父母不断地斥责孩子，甚至羞辱孩子，只会让孩子越来越自卑，在同龄人中抬不起头。久而久之，孩子的尿床情况不但不见好转，还会影响其人格的发展。

【孩子尿床行为的心理解读】

遗尿症

在医学界，我们称小朋友的尿床现象为遗尿症（nocturnal enuresis，bed-wetting），即不自主排尿的一种遗尿症状。如果男孩超过 6 岁，女孩 5 岁以上，仍然持续地每个月有 1 ～ 2 次的夜晚遗尿现象，那么需要引起家长的关注和重视，条件允许的情况下，要带孩子到医院做进一步的检查。

遗尿症分为原发性遗尿症和继发性遗尿症。原发性遗尿症是指没有明显的尿路或者神经系统器质性病变；继发性遗尿症不完全是心理原因，它带有一部分的生理病变，是指继发于下尿路梗阻、膀胱炎、神经源性膀胱（神经病变引起的排尿功能障碍）等疾病的患儿。遗尿症还具有遗传性，如果父母有一方曾有遗尿症，那么孩子可能患有遗尿症的概率是 45%，父母双方都曾有遗尿症，孩子可能患有遗尿症的概率是 75%。

大部分儿童和青少年的遗尿症都是原发性遗尿症，即与孩子的心理状态导致的阶段性或者长期的遗尿行为，是可以通过心理干预和家长帮助进行改善的。

在学习如何改善孩子遗尿行为之前，我们先了解下正常孩子排尿的过程——一个受中枢神经系统控制的复杂反射活动，我们可以简单地概括为：

（1）膀胱在充满尿液的时候，膀胱壁的神经会向大脑发送信息；

（2）大脑收到信息后，正常成人将收到大脑皮层的排尿抑制指令，它会告诉膀胱，等待合适的时机和场所的时候再排出尿液。即便是已经处于排尿过程，大脑也可以随时发送停止信号，终止排尿。

尿床行为如何发生

幼龄儿童由于大脑机能和膀胱机能都处于发育过程中，对排尿的控制能力较弱。特别是如果身体在夜晚制造了大量的尿液，幼龄孩子的膀胱还不能储存大量的尿液，孩子在夜晚睡觉的时候，睡眠太沉，导致脑神经不能够控制孩子清醒过来再去排尿，尿床行为就发生了。

正处于青春期的孩子，生理和心理发育都处于快速变动期，极容易被外界变化所干扰。从精神分析学角度讲，遗尿是儿童潜意识里压抑的行为表现，是一种防御机能。孩子由于受惊吓、过度疲劳、缺失家长关爱、亲人突然离世、不正确的教养方式和教养习惯等心理因素都可能引起短期的遗尿症，如果家长处理不好，孩子逐渐形成习惯，有的甚至到了成年都无法改变。

当然还有一些特殊情况的发生也会影响孩子，导致其尿床，例如便秘；内裤过紧；喝了太多含有咖啡因的饮料或者食用了含咖啡因的药物，咖啡因刺激神经产生了太多的尿液；青春期孩子的荷尔蒙分泌失调，分泌的抗利尿激素不够，导致其在夜间产生了过多的尿液；冬天天气太凉，孩子存在不想起床上厕所的意愿，影响了正常的排尿规律。

总体来说，尿床的原因是综合性的，并不是不需要治疗，也不是治疗不好的一种行为，不能一概而论，需要家长正确面对，不能回避问题，需要家长们耐心逐一排除干扰项，积极地寻找、确定孩子尿床行为的诱因，再采用合适的方式进行干预。因此，在孩子发生遗尿状况时，家长首先需要带孩子去医院进行身体功能的检查，如体检、尿检、X 线检查等，在排除继发性遗尿的生理问题后，可以采用心理上的干预，对孩子行为进行纠正。

【家长该怎么做】

如果孩子只是简单的原发性遗尿，作为家长，我们可以学习一些简单的行为训练方式，在家里帮助孩子。

幼年时期就要帮助孩子养成良好的作息、排尿习惯

睡前不要吃太多水分含量高的东西，不要喝太多的水，养成睡前上厕所的习惯，这是从源头上防止膀胱中充满太多的尿液，减少尿的产量，直接降低尿床的风险。应避免孩子睡前过度兴奋——尽量避免剧烈的运动、观看惊悚片等睡前行为。

正确进行排尿行为训练

一般在幼儿 2 岁左右，已经有表现出自己长大了的欲望的时候，家长就可以开始训练孩子控制排尿的行为习惯了，逐渐从纸尿裤（尿布）过渡到自主排尿。根据行为训练法的原理，需要将排尿与便盆联系在一起构成条件反射。每天可以按时将孩子放到便盆上，每次坐几分钟，每天 2 ～ 3 次，形成规律。但是在操作过程中，要平静地、温和地对待孩子可能出现的抗拒、害怕、排到便盆外等突发事件，不要强迫孩子，避免让孩子对排尿产生恐惧和紧张的心理。

重新建立膀胱和排尿的条件反射关系

如果孩子经常出现遗尿，说明孩子已经形成的膀胱充盈、起床排尿的条件反射系统出现了问题，需要重新建立二者的反射关系。家长在摸清楚孩子经常尿床的时间后，提前 30 分钟左右，在孩子膀胱充盈的同时，将孩子唤醒起床，并且陪同孩子去便盆排

尿，这样经过一段时间的训练，孩子就可以重新被膀胱充盈的刺激唤醒，进行自行排尿。

膀胱训练

增加膀胱的容积，即在白天孩子清醒时，刻意地训练孩子增加小便滞留在膀胱中的时间，久而久之就可以撑大膀胱的容积。增加括约肌的控制能力，即鼓励孩子在排尿过程中可以中断排尿，然后从 1 数到 10，再把尿排净，经过一段时间训练，膀胱的括约肌控尿能力就会有所提高。

帮助孩子练习自我催眠

现代催眠术（Hypnosis）在心理学上是一种重要的治疗手段。从生理学上解释，催眠的原理与脑波有关，就是通过一些催眠技巧，让被催眠者处于 α 波——放松状态或者 θ 波——打盹状态。在心理学上，催眠是指通过引导让被催眠者进入一种潜意识状态，此时被催眠者潜意识打开，可以输入一些暗示性话语，达到心理治疗的目的。自我催眠是催眠的一种，比较适合敏感的青少年进行自我调整。自我催眠的方式有很多，这里不能逐一介绍，有兴趣的家长可以选购专门的书籍进行自学，也可以寻求心理咨询师的帮助。

避免强化和回避尿床行为

在面对尿床行为时，家长不能过分强调和表露出担忧，因为每一次强调在孩子心里都会形成新的暗示，再次强化“尿床”这个行为。但是如果家长采用回避态度，对尿床行为避而不谈，也会让青春期的孩子感觉到羞愧，更感觉自己的行为不对，产生压力，压抑到潜意识层面，更容易在熟睡时，潜意识开放期将压抑的情绪以尿液的形式排泄出来。最好的方式是在“强化”和“回避”这两个极端行为中寻找一个平衡点，家长平静地去看待孩子尿床行为，有计划地帮助孩子一起面对并解决，才是最优的办法。

第 6 节　懒惰：不做家务的孩子不是懒孩子

经常会听到妈妈们吐槽，说刚收拾好的屋子，转身的工夫就又乱到一团糟。孩子小的时候也就算了，自己心甘情愿地给他收拾，可是转眼都十几岁了，情况愈演愈烈。不叠被子、不收碗筷、脏衣服随处扔、玩具遍地是，现在的孩子真是越来越懒了。

真的是孩子们越来越懒了吗？让我们看看家长们面对孩子“做家务”这一行为的一些做法。

指挥型家长。直接指挥孩子，说：“快去把你屋子收拾了，乱得跟猪窝一样。”——青少年时期的孩子，本来就是叛逆的，听到这样的指令型语气，难免产生抵触。

代劳型家长。一边默默地给孩子收拾，一边自我安慰，孩子学习忙，等考试之后就好了。还有的代劳型家长，真的就认为孩子就该学习，家务与孩子无关。孩子做家务的习惯需要从小培养，如果不尽早开始，一拖再拖就丧失锻炼孩子手、眼、脑协调发展的最好时机。

表现型家长。这类家长一般个人能力比较强，工作比较忙，偶尔有空，一时兴起，先指挥孩子做家务，然后不断地指责孩子这里做得不对那里做得不好，最后变成了自我能力的展示。这种做法无疑是对孩子的双重打击，一方面孩子觉得自己无法胜任家务工作，对自己的能力产生怀疑；另一方面，孩子的劳动没有得到积极的反馈，也容易失去做家务的兴趣。

利诱型家长。总是将家务与奖励挂钩，例如，叠完这些衣服爸爸就给你买玩具；打扫完你的房间就给你钱买衣服；如果你天天收拾碗筷，我就让你多玩一个小时篮球。——这种做法虽然短期见效很快，让孩子很有“动力”去完成家长布置的家务工作，可是当孩子习惯了奖励，习惯了这种即时回报的响应制度时，奖励的吸引力就开始失效了，孩子的“动力”随即消失。

让孩子参与家务劳动，不但可以锻炼孩子的动手能力、协调能力，还可以培养孩子的责任感、时间观念，增强孩子的自信心和独立性，因此，如何从小让孩子爱上做家务，如何改掉孩子不爱做家务的行为，值得家长们花一些心思。

【孩子不愿意做家务行为的心理解读】

孩子不做家务，一般有三种情况：不想做、不会做、没有机会做。

不想做

孩子对于分配的家务，一拖再拖不完成，没有劳动意识，对于家务劳动缺乏主动性。这种情况我们要从家庭内部来寻找原因。

不会做

孩子不清楚如何做家务，也缺乏主观学习意愿。

没有机会做

家长代劳，无须孩子做家务。部分孩子存在主动参与的意愿，但长期被家长阻拦，逐渐丧失主动性。

美国新行为主义心理学家阿尔伯特·班杜拉在社会学习理论中描述：儿童从婴儿期就可以通过观察、模仿他人的行为进行学习。任何有机体的观察学习过程都是在个体、环境和行为三者相互作用下发生的。例如，7 天的新生儿已经可以开始模仿成人的许多面部表情。9 个月的婴儿，让其观察一些简单的动作（如抽拉抽屉），有的婴儿甚至在 24 小时之后仍可以重复出该动作。

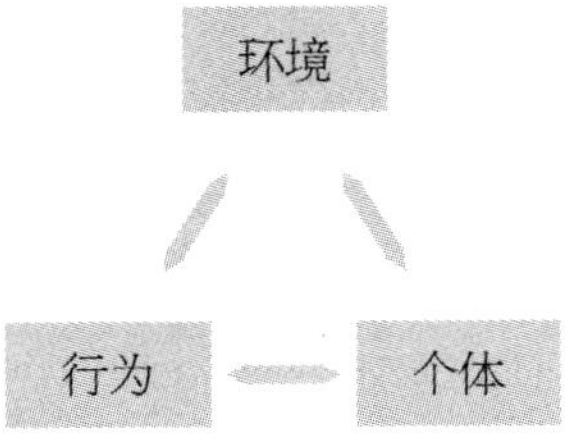

孩子如果没有发生学习行为，或者对学习行为出现抵抗，说明孩子（个体）缺少主动学习意愿，对家务劳动是排斥的，所以没有产生观察、模仿的学习行为；或者是在家庭（环境）中缺少被观察、模仿对象，孩子没有办法完成学习行为。

环境——家庭

作为孩子的第一成长环境，家庭是孕育孩子行为的最佳土壤，是为孩子提供观察和模仿机会的最直接的环境。如果我们期待孩子习得某种行为，需要不断地从家庭环境角度下工夫，来实现目标。反之，父母在发现孩子出现不被期待的行为问题时，首先应该通过自我反思，寻找问题的症结。

如果孩子缺乏家务劳动意识，家长需要从主、客观两个层次反思家庭成员的行为。主观层次，即家长自身对于家务行为的态度和做法。家长对待家务劳动的心态和行为越积极，对孩子越有正向的刺激。客观层次，即为其提供可使用的工具、给予其自由的行动范围。正向刺激的方法是：根据孩子的年龄和手、眼协调性，提供适合其使用的工具，并且在孩子工作时，在讲解和指导完成示范动作后，不去过多地干涉孩子的尝试性活动，要耐心地给予孩子时间，不断练习该动作。反之，如果家长缺乏耐心的陪伴、讲解和指导，或者家长没有为其提供适合他年龄和身体条件的工具，或者过度地干涉、限制、打断孩子行为，或者对于孩子做家务的行为本身不认可，甚至认为没必要，多此一举，都将影响孩子对家务行为的观察、模仿和学习，让孩子不愿意参与家务劳动中。

个体——孩子

孩子本身需要对家务劳动有一个客观的认知和在主观上有意愿进行学习，因此，在维护好家庭环境的基础上，家长需要对孩子的家务行为不断地进行强化。第一，是直接强化，即需要家长对孩子做或者不做家务的行为进行直接的对与错的评价刺激。孩子做家务，需要及时认可；没有完成家务需要恰到好处的批评。第二，替代强化，孩子会通过观察家长的做法，来决定他的行为，即家长认可做家务的必要性和重要性，则对孩子的行为是一个正向的强化，如果家长自己对做家务态度消极，则对孩子的行为是一种负向的强化。第三，自我强化，孩子会根据自己的理解结合社会评价来对做家务行为进行正或负强化。即社会如果对青少年做家务行为给予认可，那么会对孩子的做家务行为有一个正向的强化，反之如果社会层面认为青少年没有必要做家务，那么会对孩子的做家务行为产生一个负向的强化。

【家长该怎么做】

确定做家务的重要性

家长们首先要在内心意识到做家务的重要性和必要性，认可参与家务劳动对孩子从身体到内心的帮助。内心影响行为，此时家长在做家务时的行为才会散发出积极的信号，让孩子感受到乐趣和号召力；内心影响语言，家长期待孩子加入劳动的话语才会带有力量和温度，会感染孩子，让孩子主动参与进来。

从小培养，养成好习惯

家长从婴儿期就可以对孩子开始家务劳动的行为培养。婴儿时期，孩子虽然还不能够参与家庭劳动中，但是家长们可以让孩子观察家长的做家务行为，这样孩子会不自主地开始模仿、学习。在孩子可以独立行走时，就可以真正地参与家务劳动中了。准备好踏脚凳，让孩子站在水池旁边，清洗自己的碗筷；将衣橱的高度调整到孩子的身高，让孩子可以自己独立地完成自己衣服的整理工作；为孩子准备小的拖把、扫帚、整理箱，方便他随时收拾自己的“残局”。这样，从幼年起，就让孩子逐渐加入家务劳动中，让做家务成为其生活的一部分。

及时的回馈

孩子做家务，即便是完成分内的工作，家长也不能视若无睹，需要及时给予正向回馈，肯定孩子完成了或者出色地完成了工作。父母的“看见”，是对孩子最大的尊重与肯定。

适当的提醒

孩子毕竟还是孩子，需要家长适当的提醒和督促。如果反复提醒了很多次，孩子答应着，却仍然原地不动，说明家长的督促方式一定是存在问题的。

提醒的同时，家长需要跟孩子约定，如果没有完成则需要承担的结果，例如，如果今天晚上睡觉前你不把房间收拾好，明天就不要跟我们一起去逛街了。这样，让孩子清楚地知晓工作内容、时间节点及完成不了的代价。这样会让他对自己的行为及行为带来的后果有一个清晰的预判，如果他仍然选择不做，就是他愿意接受不做的结果，这是他自己的选择。家长也要按照约定，执行约定。

找准恰当的时机

如果孩子正在看喜欢的电视节目，家长却让他现在去叠衣服，我想任何孩子都不会心甘情愿地去做，特别是叛逆的青少年。家长应该尝试提前跟孩子商量好做家务的时间、内容，这样也有助于孩子形成时间概念，规划自己的时间。

让孩子做选择题

这是一个话术策略。将平时的命令语气适当地转变。

快去收拾你的衣服！转换成：宝贝，你是现在收拾衣服还是等一会收拾呢？

你的房间太乱了，还有这么多的脏衣服！转换成：孩子，你今天是先收拾房间，还是先洗衣服？语气的转换，给孩子一个时间去反思，也给敏感要面子的青春期的孩子一个机会，让他们可以发现自己的不当行为。

折中的奖励方案

奖励方案并不是完全不值得推崇，恰到好处的奖励可以起到推动孩子做家务的作用。与孩子自身相关的家务并不在奖励范畴里，如收拾自己房间，洗衣服，洗自己的碗筷。但是如果孩子愿意多承担一些家庭公共的家务工作，例如，擦地板，浇花，整理储藏室，这个时候可以采用奖励的办法对孩子的行为予以肯定。

第 7 节　偷窃：拥有越多，越有安全感

几乎所有的小朋友都有拿别人东西的经历。只不过对于不同年龄的孩子，他们拿别人东西的动机有所不同。

小孩子两三岁的时候，将他从幼儿园接回家后，家长可能就会发现孩子兜里多了些不属于他的东西。这么小的孩子就开始偷了吗？

孩子上了小学，家长有的时候会发现一些偷藏的文具、书，有的时候发现孩子拿了家里的钱，家里什么都不缺他的，为什么还要偷？

“偷”是让家长和老师非常头疼的一个行为问题。有的孩子是偶然发生，也有越演越烈、越偷越频繁，甚至形成偷窃癖的案例。有的家长会采取较为强硬的措施，甚至是打骂、威胁，但可能随后不久，类似行为仍然屡禁不止。

【孩子偷窃行为的心理解读】

“偷”是一个涉及道德问题的行为。根据儿童心理学家让·皮亚杰的观点：儿童的道德发展是一个由他律逐步向自律、由客观责任感逐步向主观责任感的转化过程，它是人的自然天赋和社会因素相互作用的结果，它取决于儿童道德思维的发展程度。所以

不同年龄阶段的孩子“偷”的行为的含义并不相同。

根据皮亚杰划分的道德发展阶段，我们可以知道孩子的道德发展有以下几个阶段。

2～5岁：自我中心阶段

这一个时期的孩子还没有分化出“别人”和“自我”的概念，他也没有能力根据规则来规范自己的行为。在他的过往经历里，妈妈是我的，我饿了就哭，哭就有饭吃，世界是围着我转的。所以他“偷”回来的东西，不是“偷”，他不认为这个不是他的，他喜欢就“拿”回来了。

6～8岁：权威阶段或他律道德阶段

这个时期的孩子是“认死理”的，他绝对顺从权威确定的规则，他已经懂得什么是权威（父母）所允许的，什么是权威（父母）所不允许的，所以这个时期的小孩子已经开始存在道德意识了。如果他在这个时期出现“偷”别人的玩具、“偷”别人的笔一类的行为，就需要身为“权威”的父母来进行正面管教了。

8～10岁：可逆性阶段

这个时候孩子已经具备初步的自律道德阶段，他的思维已经具有守恒性和可逆性，他们已经不把规则看成一成不变的东西。这个时候的孩子喜欢挑战权威，他们可能把“偷”的行为看作是一种刺激的感受。有的时候他们是在挑战“权威”的底线，他们想知道越过底线之后，到底会发生些什么。既紧张又兴奋，让他们一次又一次地流露出成功后的得意。

10～12岁：自律道德阶段

该时期孩子的道德观念已经发展到自律道德阶段，孩子的正义感和公正观念得到发展。这个时期的孩子已经逐渐到了青春期，他们变得更加莽撞和过分自信（认为自己无所不能）。这时候的“偷”的行为变得复杂和多样化了。他们有的是为了当“英雄”，劫富济贫，伸张正义；有的是“惯犯”，已经形成了习惯行为，自控不能；有的是“虚荣心”作祟，想让自己看起来很富有，很有魅力；有的是为了获得更多的关注……

行为心理学家阿尔弗雷德·阿德勒曾说，偷窃者想拥有更多，越多越有安全感。安全感的匮乏也是导致孩子们产生“偷”这个行为的缘由之一。

物质上的安全感缺失

孩子随着年龄的增长，特别是到了青春期，会很在乎别人对他的看法，潜意识里期待跟别人一样，又在行为上要表现出不一样。他们开始有金钱的概念，开始有物质上的欲望，如果家里没有办法满足，或者是家里的人不同意满足他的需求，他又没有方法去平息他内心对物质上的欲望，就会产生偷窃的行为。

心理上的安全感缺失

他用“偷”的行为来吸引家长的关注。这样的孩子往往并不存在物质匮乏，甚至可能比其他的孩子拥有更多的可供他支配的财物。但是他还是会去偷，偷一些看起来都不起眼的东西。这其实是一种情感上的匮乏，他渴望用“偷”的行为，来填补潜意识里情感上的空缺，他不是在偷东西，而是在偷取家长的关注和爱。

其实任何物质上感到匮乏的孩子，都是心理上的匮乏。这种匮乏让他们不断地与别人做比较，比较的过程中总是觉得自己不如别人，看不到自己拥有的，总觉得别人比自己拥有的多。

心理上有匮乏的孩子，即便是父母给予丰富的生活物资，他还是觉得自己不被满足，他还是在别人面前抬不起头，感到自卑。所以他用“偷”的行为想证明自己，证明自己可以。同时他又被“偷”的过程刺激着，这种过程又紧张又兴奋，满足了青春期孩子的好奇心。最后，他还得到了另一个满足——挑战权威（父母），他用行动刺激了父母的底线，让他有一种不同寻常的快感。

总之，从孩子已经具备“道德”概念的时候，任何情况下出现了“偷”的行为，父母都必须采取恰当的行动，来化解孩子“偷”的行为。

【家长该怎么做】

对待不同阶段孩子的“偷”的行为，作为家长需要区别对待。

对于小朋友（5 岁之前）：“物权”意识的建立

这个时期的孩子虽然还处于前道德阶段，但家长可以逐渐帮助孩子建立“物权”意识：让他们可以区分“我”和“别人”的概念。同时，让他们要清楚，在不经过别人同意就拿到自己手上、兜里的行为，就是不对的、不礼貌的。家长这个时候还要积极地做示范，比如，在孩子跟其他小朋友一起玩时，当他出现抢夺或者直接拿的行为时，家长要告诉孩子正确的交流和相处的行为方式。

对于（6 ~ 8 岁）的小朋友：正面示范，树立正确道德行为规范

我们要把握住这段时期的绝对顺从权威的特点，为他树立正确的道德行为规范。这个时期的小朋友已经知道随便拿别人的东西是不对的，但是他们对自己的控制能力较差，或者他们很容易被一些感兴趣的东西吸引，所以会发生“偷”这个行为。这是最早出现“偷”的行为的时期，正面管教显得格外重要。

家长还要特别小心，不要随便给孩子贴上“偷”的标签，不要用成人的思维模式，来对孩子的行为做出解释，要耐心观察、询问，了解孩子为什么拿了别人的东西，了解行为背后孩子的真实心理活动。不要用“偷”这个标签盖住了孩子的内心世界。如果家长在训导时能让孩子感到充满爱意的关切，那么道德的种子就更有可能在他们幼小的心灵里生根发芽。

青春期（10 岁以后）：不要轻易给孩子贴上“贼”的标签

孩子到了青春期后，会变得越来越敏感，争强好胜，更想要挑战权威、挑战底线。这个时候发现孩子“偷”的行为，家长的

处理办法要特别小心，既不能和他硬碰硬，孩子这个时期个性和逆反心理最强，如果家长的方法过于强硬，很可能造成孩子破罐子破摔，离家出走或者做出一些极端的行为；又不能做得不疼不痒，孩子可能会形成习惯，越“偷”越“大”。家长需要仔细分辨孩子到底想要的是什么，然后对症下药。

首先要明确“偷”的行为是错误的，但不要给孩子贴上“贼”的标签。家长在跟孩子谈话时，要把关注点放在“偷”的这个行为上。家长要指出这个行为是错误的，不被接受的，而不是孩子这个人不再被家长接纳。家长要向孩子传递自己对孩子的信任，相信他这只是一次偶然，谁都有犯错误的时候，希望没有下一次。同时要告诉孩子类似的事情如果再发生，会产生什么样的后果，需要孩子承担些什么。

面对物质上有匮乏的孩子，家长要反省，是不是自己对孩子的管教过于严格和苛刻，让孩子跟同龄孩子在物质上产生了差距，导致心理过于压抑，用“偷”的行为来排解。青春期的孩子很在意“面子”，潜意识里喜欢“比较”，孩子有需求，又不敢跟家长提，长期压抑在心里，一旦有机会可以让他得到满足，他会迫不及待地、不加思考地付诸行动。所以家长需要调整自己对孩子的金钱管理方式，适当满足孩子的需求。

面对心理上有匮乏的孩子，父母要平静下来，反思自己对孩子平时是不是缺少关爱。父母是否一味地用物质来平息孩子情感的需求；是不是对孩子认可不足，让孩子总处于自卑和比较的心态中；是不是家中没有做好“物权”观念的教育，让孩子不了解“偷”不光是挑战了家长的内心底线，还触犯了道德和法律的底线，用这样的方式来展示自己的不同，获取内心的满足感，是要付出巨大代价的。

孩子出现“偷”的行为，家长要知道，他“偷”的不是物质上缺的东西，而是心理上的缺失。家长要放下对“偷”这个行为的成见，耐心地去了解孩子内心的声音，了解问题的症结所在，才能帮助孩子修正行为。

第二章

学习篇——兴趣是最好的引导者

第 1 节　手机：孩子生活的陪伴者

你必须先让孩子知道使用手机的责任，和对于使用规范有共识，然后才来思考要不要给手机。若是从没有做到这样的沟通，建议你最好再等一年。

——克里·凯勒佛

智能手机应该是 21 世纪最伟大的发明之一，它改变了我们的交流方式、消费方式、生活方式，甚至是我们的思维方式。

对孩子来说，手机已经成为他们最忠实的“陪伴者”了。无论是在家还是在学校，手机都陪伴着我们的孩子。他们熟练地用手机查找资料、在线学习、打卡、社交，甚至养宠物。

据美国的一个全国范围内的抽样调查显示：在美国，孩子拥有智能手机的中值年龄仅仅 11 岁，即有 53% 的孩子是在 11 岁拥有第一部智能手机。8 ～ 12 岁的孩子，每天使用手机的时间在 5 小时左右，青少年（13 ～ 19 岁）平均每天使用手机的时间是 7 个半小时，而这些并不包括在学校和回家写作业的使用时间。

一份 2016 年的遍及全美国的调查指出，有 50% 的孩子感觉自己有沉迷于手机的倾向，有 59% 的家长认为他们的孩子已经出现了沉迷手机的行为，有 69% 的家长和 78% 的孩子每 1 小时至少查看一次手机。

为了降低青少年对手机的依赖，加拿大安大略省在 2019 年提出了禁止在教室内使用手机的规定。而这源于 2018 年有 97% 的父母、学生和老师提出意见，应该以某种方式限制手机的使用。在法国，禁止所有 15 岁以下的学生在上学期间使用手机。

这些数字清晰地展示了孩子和手机之间的密切关系，显而易见，他们和手机的紧密程度远超过以往任何一个时代。

虽然家长们普遍认为，以手机为代表的电子产品会对孩子的行为、社交能力、睡眠、体育锻炼产生负面影响，但是不可否认的是，电子时代已经来临，这是我们无法回避的事实。

【孩子喜欢玩手机行为的心理解读】

虽然过分沉迷手机的行为在心理学界被定义为一种行为障碍，而并没有将其定义为类似强迫性赌博、滥用药品的“瘾症”，但是它对青少年的影响却是不可以忽视的。

手机对青少年的影响

在生理上，人类的大脑直到 25 岁才会停止发育，而青少年时期正是大脑飞速发展的时期，研究显示，如果青少年长期沉迷于手机，会对大脑的发育产生影响。沉迷手机的孩子通常会保持低头这个动作很久，这会让正在发育期的孩子的颈椎、腰椎得不到很好的发展，从而影响他们的健康。在使用手机时，长时间地注视屏幕，眼部肌肉得不到休息，对视力也会产生不可逆的影响。

除了对孩子在生理上有一定影响外，沉迷手机对孩子的心理方面的影响更不容忽视。严重依赖手机的孩子，在不使用手机时，会出现不安、焦虑的情绪，即使在睡觉时，也会隔几分钟查看一次手机。大量的研究显示，孩子过度依赖手机，会导致孩子的生活重心从现实生活转变为虚拟世界，会让孩子因为想玩游戏而退出家庭活动和社会活动，从而导致与家人和朋友的交流变少，抑郁、孤僻感增强，不利于亲密关系的建立。

手机为什么会如此吸引我们的孩子

手机本身的特质，让其充满魅力

在婴儿期，孩子就会对手机这种会发光、发亮、发出声音的物品格外感兴趣。对青少年来说，手机已经是他们学习、交友的必需品。由于青少年本身“延迟满足”能力不强，所以手机的便携性让他们可以随时随地翻阅、查询；手机的即时性让他们可以不受物理距离和时间的影响，随时联系想找的人、事物；手机的娱乐性让他们可以找到一切他们感兴趣的内容。因此，手机对于孩子来说，具有超强的吸引力。

孩子本身的自控能力差

自控能力也叫意志力，是一种管理和控制自己情绪和行动的能力，是一个需要不断自我训练的意志品质。对孩子来说，特别是青少年，他们正处于从不成熟到成熟的过渡期，他们对任何事物都充满了好奇，都有想尝试的欲望，而他们的自控能力尚处于培养期，所以在面对如此充满吸引力的手机时，很难抵抗住它的诱惑。

家庭中家长的“示范”影响

每个人的生活其实都离不开手机，特别是有孩子的家长。从孩子出生开始，家长的手机里就存满了孩子的照片，各种育婴指南也都需要用手机查找，到了孩子上学的年龄，还要天天在微信群里跟老师沟通；除了跟孩子有关的内容，工作、交友、娱乐，等等，家长的每一样活动都跟手机有关，父母之间的交流也大多是利用手机进行的。根据观察学习理论，孩子每天在不断地观察父母的“示范”行为，浸泡在这样的家庭环境里，模仿父母用手机的学习行为就自然而然地发生了。

手机是释放内心压力和情感的有效途径

孩子到了青少年时期，由于对自主性的渴望，大多数孩子开始变得沉默少语，他们既希望自己去解决自己的问题，却又渴望与人交流。手机的特性刚好可以帮助他们。性格内向的孩子可以不用说话，通过字符交友；性格外向的孩子，可以随时用手机找到他想联系的朋友；学习上有压力的孩子，可以通过网络游戏释放情绪，赶走心里的紧张、焦虑；感情上有需求的孩子，隔着手机屏幕，他可以找到自己情感上的好伴侣。而这一切只需要手指点点，随时随地都可以发生。

简单直接不用费脑筋

虽然大多数孩子选择使用手机，但是利用手机自己创造内容的孩子还不到 2%。大多数孩子只是用手机刷剧、看直播、玩游戏、交友，这些行为活动不需要孩子动用他们的创造能力，不需要费脑筋。就如吃快餐般，手机上丰富的内容，可以高效、直接地满足孩子们心理上的饥渴。

【家长该怎么做】

学会与手机共存

如果家长总是站在手机的对立面，那么恐怕就把自己放到了一个非常尴尬的位置。这个世界，手机已经成为生活的一部分，作为一个普通人，我们很难与社会的大环境抗衡。

但是我们可以学会与之共存。当孩子拿起手机时，我们不再是焦虑地指责孩子，我们可以尝试坐在孩子旁边，与孩子一同进入他的手机世界里，了解在那个虚拟世界里他的样子，或许这样对于亲子关系更有效。

为孩子寻找生活中的真实乐趣

在现实生活中无法找到感兴趣的事情时，我们就会拿起手机。相反，对于多变的孩子，如果现实生活中有更吸引他的事情出现，那么他很快就会投入新的更感兴趣的事情中。

作为家长，我们需要行动起来，与孩子一同放下手机，寻找生活中原本的乐趣。我们可以与孩子一同走出家门，到户外走走，做一些体育活动，可以帮助孩子们产生更多的多巴胺，有助于缓解孩子的焦虑情绪；邀请他喜欢的朋友来家里，面对面地交流；鼓励他们参加喜欢的线下体验会；与孩子共同探讨一些孩子喜欢的话题……家长所做的一切都要与孩子共同商量，这样才能让孩子愿意参与其中。

与孩子一同制定手机的使用计划

沉迷其中的孩子也并非如想象般快乐，他们也有着复杂、矛盾的心情。一方面他们也充满了自责，想停下来，一方面却缺少自控能力，停不下来。这个时候，家长有效的帮助就非常必要。

例如，家长可以帮助孩子学会时间的分配，可以根据要事原则：用大块的时间先做完重要的事情，然后利用剩下的碎片时间，用手机去做他们想做的事情。家长还可以跟孩子一起制定手机的使用规则。比如，每次连续使用不得超过 45 分钟；不可以将手机带进卧室；学习的时候要关闭网络；限制使用社交类软件……这些方式可以帮助孩子逐步提高自控能力。

第2节　自言自语：从外部语言过渡到内部语言

很多小朋友有自言自语的习惯，特别是2～3岁的宝宝，有的时候，孩子说的内容有逻辑、有情节，甚至具有连贯性，家长能听懂；有的时候孩子用的是自己的语言，咿咿呀呀地完全摸不到任何规律，弄得家长一头雾水。有的孩子随着年龄的增长，情况会逐渐消失，有的会持续到青春期，甚至成年以后还会有类似的行为。这种行为举止更常见于独生子女家庭，或者家中的第一个孩子。

有的父母很担心，觉得孩子出现了幻觉，是不是精神有毛病；有的家长对于孩子想象的内容很惊讶，不知该如何应对孩子的这种行为；有的家长会打断自言自语的孩子或者尝试纠正孩子的行为。

孩子真的是生病了吗？面对这样的行为，家长是该袖手旁观，还是要做一些事情来帮助孩子从虚幻的世界中走出来？这是本章我们需要一并探讨的。

【孩子自言自语行为的心理解读】

小朋友自言自语的行为并不都是正常的，需要家长在医生的配合下加以区分。

自闭症儿童的自言自语

自闭症（Autism）又称孤独症，是一种脑部发育障碍，带有言语、情绪表达困难和社交互动障碍。这类儿童由于存在社交互动障碍、沟通能力障碍，常常喜欢一个人自言自语，在家长跟其互动的时候，会出现不回应或者回应很少的情况；有的说话缺乏逻辑，音调怪异；有的还会出现假想朋友；有的会出现异常暴躁的情绪。这类儿童的自言自语症状是不会随着年龄的增长而逐渐消失的，只会越来越重。

语言敏感期的自言自语

我们如果观察两三岁的孩子，会发现他很喜欢边玩边对自己说话，或者重复爸爸妈妈跟他说的话。

例如，他要坐下的时候，他会边坐边说："宝宝坐。"要是在吃饭的时候，妈妈说："宝宝吃饭吧。"他也会自言自语地跟一句："宝宝吃饭吧。"妈妈跟他说："宝宝快睡觉吧。"他也会自己跟一句："宝宝快睡觉吧。"有的时候妈妈觉得孩子在故意捣乱，或者仅仅觉得宝宝好可爱，就一笑而过了，殊不知孩子正在经历一个关键的时期：语言敏感期。

敏感期是指孩子会在某一个短暂的时间段内对环境中的某一个部分表现出强烈而持续的兴趣，在此期间，孩子会乐此不疲地大量地重复同样的活动，直到熟练掌握。0～6岁正是孩子对语言敏感的时期，也是孩子语言快速发展的关键时期。在孩子 2 岁前，对语言的掌握和理解是非常模糊的，是对听敏感。到了两三岁的时候，孩子突然话多了，甚至出现爆炸式增长，这是因为孩子到了语言的敏感期。

语言敏感期的孩子有时候喜欢自言自语，有时候喜欢不断地重复家长说的话，有时候还会突然说一些“脏话”，这是因为，对这个时期的孩子来说，语言并不是沟通的工具，是他正在通过“听”把外部接收到的语言，练习转化为内部语言的一个过程。这是孩子学习语言的一个过程，也是在不断重复的过程中，希望得到父母的关注和认可。

习惯性的自言自语

不仅是儿童，就连青少年、成人在特定的环境下也喜欢自言自语。

情绪宣泄

我们在看电视的时候，遇到精彩的进球场景时，会不由自主地大喊：太棒了！这是一种对情绪的宣泄。

集中精力

我们在尝试一个流程比较烦琐的工作时，例如，做烘焙过程中，我们在仔细核对每一个配料时，会不自主地念一个核对一个。这个时候，自言自语可以帮助我们更集中精力、更仔细地做事。

增强记忆

我们在看书或者背单词时，会自顾自地读起来，这也是一种自言自语，美国威斯康星大学的心理学副教授加里·卢普阳还得出过结论：自言自语对人的记忆产生影响——语言可以帮助记忆。同时，自言自语对练习语言和演讲都非常有帮助，不断地念是一种肌肉记忆，就像练钢琴一样，反复的练习，久而久之就会达到脱口而出的状态。

有趣的实验：在最近的实验心理学季刊里，曾发表一个有趣的心理学研究成果。一位美国威斯康星大学麦迪逊分校的心理学家和美国宾夕法尼亚大学的心理学家进行了一系列的实验，他们发现，自言自语有助于寻找特定的对象。例如，你在超市里，如果你想寻找番茄酱，反复地重复番茄酱的实验组，要比心中默念番茄酱的实验组先找到目标物体。

看来自言自语是一个充满童趣的、有乐趣的行为，不光是小孩子，我们也不妨偶尔试试吧！

【家长该怎么做】

如果家长发现孩子有自言自语的情况，需要先去医院，确定孩子是否患有自闭症。如果是自闭症，需要积极地跟医生沟通，为孩子选择一种合适的治疗方案，当然，这不属于本书探讨的心理学范畴。

假想伙伴：儿童时期的成长伴侣

电影《头脑特工队》里的小女孩莱莉有一个幻想的伙伴

（imaginary friend）——一只粉红色的大象冰棒（ bingbong），陪伴她度过了很多快乐的时光，随着莱莉的长大，它被逐渐封存在小女孩的长期记忆区（潜意识）里。

孩子幻想出来一个伙伴，它可能存在实体——一个一直放在枕边的小熊，一个毯子，一盆花，孩子时不时地会跟它说说话，讲讲自己的心事；它也可能是完全幻想出来的，不存在的一个角色，类似于电影里的粉色大象冰棒，它只存在于孩子的头脑里，孩子会把它当作自己的伙伴，就会出现我们家长观察到的现象：看见孩子对着空气自言自语。这些类似的行为，在心理学里被称为假想伙伴。

假想伙伴（imaginary friends, pretend friends, invisible friends），即年幼的孩子（特别是独生子女，一般在学前或者学龄儿童），存在一个幻想中的朋友，他经常跟它对话、幻想一些冒险行为，这是一种常见的现象。

有的家长担心，是不是自己的孩子太孤独了，才会产生这种幻想，实际并非如此。美国心理学研究者曾对 152 个学前儿童进行跟踪调查，并得出结论：约有 65% 的孩子在 7 岁左右的时候曾出现过假想伙伴，甚至有的青少年也仍然存在假想伙伴。虽然这个假想的伙伴非常真实，但是孩子们通常都知道他们虚构的朋友并不是真实的，并随着年龄的增长，大多数假想伙伴会被孩子遗忘。

心理学家埃里克森曾把人的一生的人格成长分为 8 个发展阶段，在学前期（4 ~ 7 岁）、学龄期（7 ~ 12 岁）是最常出现假想伙伴的时期。其中，学前期又被称为游戏期，是指游戏是这个阶段孩子的主要活动，假想伙伴就是其中的一种积极的游戏形式。有研究显示，假想伙伴是儿童的一种心理需求，通过假想伙伴，可以帮助孩子不断地运用其想象力，促进儿童的语言表达能力发展，并在不断地与假想伙伴交流的过程中，逐渐地学会区分“自我”和“他人”，从而不断地将“自我”分化出来，形成独立自主意识。同时，孩子在跟幻想的“朋友”交流的过程中，会具有换位思考的能力，这也帮助即将进入学龄期的孩子增加其社会生存力。

顺其自然地让孩子自己成长

对于孩子假想伙伴的行为，家长不必紧张和焦虑，更无须干涉，因为这是一个孩子自然的成长过程，孩子自己乐在其中。

随着年龄的增长，孩子逐渐分清现实的朋友和假想的伙伴，自然而然地就会放下假想朋友，更热衷于跟现实中的小朋友相处了。

“替罪羊”的假想伙伴

但有的孩子会利用假想伙伴来承担自己所犯的错误行为，或者羞于表达自己的想法，来让想象的朋友承担，例如，明明是孩子自己想吃冰淇淋，他却说是他的好朋友想吃。这时候家长很容易认为是孩子故意说谎，批评孩子。其实家长在批评孩子之前，更应该先反思一下，自己是不是平时对孩子要求过高，使孩子害怕犯错，选择了用假想伙伴当“替罪羊”的方式，来逃避自己的责任。

如果是这样，家长可以利用假想伙伴，来帮助孩子学会承担责任。例如家长可以说：没问题，如果你也想吃，你可以告诉妈妈，妈妈会再给你准备一个。这样孩子就知道，他是可以提出这样的要求的，他的需求是可以通过表达而被满足的。

长期无法区分想象和现实

美国心理学博士泰勒・M曾指出：别看孩子们跟他的假想伙伴相处得那么亲密，他们可以分清哪个朋友是虚构的，他们也知道可以跟什么人提起他的这个假想朋友。

一般孩子在6岁以后，可以清楚地区分现实和幻想的朋友，但仍然存在部分孩子无法区分现实和虚幻，这时候需要引起家长们的重视，孩子可能是有病理问题。

共同享受语言的乐趣

正处于语言敏感期的孩子，每天都在享受语言带给他的乐趣。所以家长们一定要静下心来，接纳孩子的不断重复，甚至是偶尔的脏话。如果强加阻止或者批评孩子，一方面可能是在强化孩子的行为，另一方面孩子也没有办法理解家长批评自己的原因。

多与孩子交流

孩子在不断地自言自语或者在重复家长的话，还有一种渴望得到关注的心态。所以家长可以多跟孩子说话，让他感觉到自己被关注，感觉到家长的鼓励。同时，孩子这个时期喜欢看成年人说话，喜欢自己尝试说话，所以家长应多跟孩子交流，或者借助绘本、图书，帮助孩子顺利度过语言敏感期。

第 3 节　厌学：不是“坏”孩子的专利

社会文化理论中：儿童的认知发展需要跟社会中具有更多知识的成员合作对话，来逐渐获得思维和行为方式。

——苏联发展学家维果斯基

逃课、逃学、拒绝上学……孩子从学龄起，甚至从上幼儿园开始，拒绝学校、厌学的行为，就开始让家长们苦恼了。加拿大的研究机构数据显示，超过四分之一的孩子，会有不同程度的拒绝学校的行为。有的是拒绝上一些课程，有的是逃学数月甚至几年。

【孩子厌学行为的心理解读】

逃学的原因并不一定是明确的

孩子拒绝上学的理由有很多种，有的是因为放假太久了，一开学就有了“开学恐惧症”（post-holiday blues），有的是害怕考试，有的是学业压力，有的是跟同学相处不好……

然而并不是每个孩子不去上学或者逃学的原因都是如此清晰的，很多孩子没有办法清晰地说出自己为什么不想上学。有的是因为孩子本身不善于描述自己的恐惧和担忧，有的是因为孩子拒绝交流内心感受，有的孩子可能是几种原因混杂在一起，让他没有办法说清原因。

心灵上的解脱

“逃”这个行为可以短时间内让孩子获得心灵上的解脱。从学校的功课束缚中出走，从即将面临的考试中逃脱，从不适应的人际关系中脱离，偶尔的离开可能会让孩子觉得一时轻松。但是长期地离开学校，会让孩子越来越难以回到学校，形成恶性循环，对孩子会有很不利的影响。

逃学行为对孩子的影响

让孩子与同龄人的距离越来越远

孩子如果总是逃学或者休学在家，便很难和同学建立紧密的关系，很难发展友谊。缺乏友谊的孩子会感到更孤独，更不愿意跟同学接触，更排斥学校的氛围，从而更不愿意去学校。

缺失系统的学习和学习习惯的养成

因为对学习不感兴趣或者在学校遭到批评和压力而离开学校，以为逃避可以暂时缓解一下心理的焦虑，然而再回到学校，面临落后的功课和老师的批评只会让孩子自尊心继续受挫，厌学的情绪越来越严重。久而久之，孩子学习越落越多，也无法形成好的学习习惯。

容易沉迷其他对身心都有影响的行为

青少年本来就自控能力较差，离开学校后，对社会上的一切都很好奇，例如，酗酒、游戏、吸毒。渴望尝试，新鲜的事物填满了孩子空乏的内心，渴望友谊的孩子还容易结识“社会朋友”，把孩子一步步带离学校，让孩子处于危险的社会环境中。

孩子“厌烦”学校的心理原因

学业上的压力

学校的一个主要功能是传授知识，为了考核孩子的学习效果，就会有各式各样的考核办法。对孩子来说，并不是每个孩子都能够适应学校的教学方法、老师的教学方式。对中小学来说，在国外公立学校一般是一个老师照顾 8 个学生，在国内的公办学校一般是一个班级一个班主任，负责 30 ～ 50 个甚至更多的学生。由于教师少，学生多，教师很难面面俱到地照顾到每个学生，就会让一些不适应学校教学方式的孩子，在学习上显得无所适从，摸不到头绪，时间久了，功课越落越多，让孩子越来越没有自信，在学校抬不起头，压力越来越大，产生逃离的念头。

社交上的压力

很多电影作品会涉及校园暴力的情节，而现实比电影更加残酷。校园暴力离孩子并不遥远，根据联合国教科文组织 2017 年发布的《校园暴力和欺凌》显示，全球每年有 2.46 亿学生因被欺凌而痛苦。我国浙江大学《青少年攻击性行为的社会心理研究》调查显示，49% 的学生承认对其他同学有过暴力行为，87% 的学生遭受过其他同学不同程度的暴力行为。

除了校园暴力，孩子在学校还会面对不同程度的社交困难，例如，无法与同学建立友谊，感觉孤独，无法融入集体活动，被孤立，与同学发生矛盾。这些对于渴望建立社交关系的青少年来说，心理承受巨大压力，情感没有办法交流，学校让孩子感觉压抑，找不到内心情绪的寄托之处，让孩子产生厌学和逃学的念头。

自暴自弃

美国心理学家德瑞克斯曾经提出：孩子任何不当的行为，都透漏出他的四个目的——过度寻求关注、争夺权力、报复和自暴自弃。逃学这个行为也是如此，孩子学习行为的发生需要适合学习的环境和一个引导者。适合学习的环境，不仅仅是明亮的教室、宽敞的活动场地，更重要的是环境中的人可以给予孩子归属感和安全感，即得到权威（教师）的认可、伙伴（同学）的陪同。但是很多学校由于升学的压力，教师更关注学生的成绩而不是情绪，学生如果成绩一般或者较差，在班级里很难得到教师的认可，如果遇到教师素质较差的，经常批评、讽刺孩子，就会使孩子有厌学情绪，还容易受到同学排挤，这会让孩子很难在学校找到归属感，孩子就会采取极端的行为逃离学校。

厌学的高发期

2～7岁

这个时期的孩子要从家里走出来，学习与家人分离，逐渐与社会建立联系。在这个阶段，家长会开始尝试送孩子去托儿所、幼儿园或者学前机构，孩子对于这样的生活改变有本能的逃避反应，随着孩子自我的建立而逐渐好转。例如，孩子会出现身体上的不适：胃痛、拉肚子、恶心，或者出现行为上的反抗——抱住父母不离开，哭、闹、发脾气。随着孩子逐渐适应新的环境和建立新的关系后，这些身体上和情绪上的反应都会逐渐减轻或完全消失，而有的孩子会在周末或者长时间休假后，出现反复。

10 ~ 14 岁

这个时期正是孩子青春期的到来，也是孩子从小学迈入初中的阶段，课业难度加大，孩子的学习压力增大。正处于青春期的孩子对自我的认可需求更高，这让他们更加敏感，更有自己的想法，更渴望尊重、平等、独立和自由。这个时候也是学生跟教师、学生跟学生之间产生矛盾和冲突的高发期。

【家长该怎么做】

找出孩子行为背后的原因

孩子逃离，一定有逃离的原因。就如心理学大师阿德勒所说，任何行为的背后都有它的目的。孩子在行为上出现了偏离，一定要首先回归情感。他可能是想通过逃离的行为寻求情感上的支持，只是用错了方法而没有找到解决的办法。在得知孩子逃学时，父母首先要平静下来，用温和的态度去了解孩子为什么选择逃离。

反思家庭教育方式

越是压迫，越是反抗。阿德勒强调，从外在控制走向内在控制，能够内控，也就是能够自我控制的人，才能够学会承担。如果孩子的自我控制能力不好，在学校遇到问题时，没有办法自我调控情绪，自我控制行为，而选择了逃跑，家长要反思是不是家庭教育的方式产生了问题，没有很好地培养孩子的自控力。如果家长总是给孩子太多的外在控制、太多的管教或者太过于溺爱孩子，都会造成孩子无法学会自控和承担。

帮助孩子成为高自我效能的人

心理学家阿尔伯特·班杜拉曾提出自我效能的概念。他指出自我效能高的人，往往更容易把困难的任务看成需要掌握的东西，而不是回避。每个孩子在学校都会遇到形形色色的问题，作为家长，我们没有办法去代替孩子解决每一个问题，但是我们可以帮助孩子成为自己有勇气去面对问题、解决问题的那个人，即成为一个高自我效能的人——相信自己，我可以，我会利用自己的力量去把事情做得更好。在日常教育方面，家长除了给予孩子足够的关爱外，要尊重孩子的特点，不把自己的主观意愿强加于孩子，要大胆地放开手，鼓励孩子自己去尝试，去争取自己想要的；鼓励孩子通过自己的努力达成愿望，孩子成功的次数越多，自我效能感越强，再遇到困难的时候，他会选择面对而不是逃避。

第 4 节　英语：孩子缺少爱上它的理由

在上海的一家幼儿英语教育机构，即将 3 岁的小朋友陈仪琳（化名），与其他 6 个小朋友一起坐在教室的地板上。所有的小朋友都不超过 5 岁，一个来自加拿大的老师用英语提问："Who has a lizard？（谁有蜥蜴），"几个孩子一个接一个地喊："I' ve got a lizard."（我有蜥蜴）

他们每个人手里都有一张卡片，上面有 6 张图片，老师会说出不同物品的名字，第一个将卡片跟老师念到的物品名字对上的孩子将成为赢家（类似于美国的 BINGO 游戏）。

陈仪琳的妈妈在窗外看着孩子，告诉记者，8 个月前她送仪琳来这里上课，每周 2 次，她希望她的孩子可以多开口说英语，孩子最近进步很明显。

像陈仪琳妈妈这样期待的家长在国内不占少数。英语是国内大多数学龄孩子的第一外语，并且呈低龄化态势发展，根据《中国日报》（*China Daily*）报道，40% 的孩子在上小学前已经开始学习英语，特别是在北、上、广等大城市，很多家庭从孩子生下来就开始让他们听英语歌，看英文字母卡；孩子 3 岁左右，就会送孩子去双语幼儿园，或者开始参加幼儿英语培训，一般家庭的英语培训费用在人均 2 万～ 3 万元 / 年。

据美国 CNBC（Consumer News and Business Channel）报道，

中国有 3 亿多人在学英语，几乎等同美国的总人口数。国内媒体声称英语产业的价值达 300 亿人民币。根据国外媒体的调查，十年前中国第一家面向 3 ～ 6 岁的英语教育机构，现在已经发展到遍布全国二、三线城市共 150 个分支机构，近年来，每年的增长速度都保持在两位数。

自 1978 年英语教学恢复以来，我国学英语热潮一直高涨。

“我们想尽早地送孩子去学英语，担心孩子上学以后再学就会落后。”

“我们想让孩子早点学英语，这样可以让他说英语像说母语一样流利。”

然而并非所有的妈妈都像陈仪琳妈妈那样收到了满意的效果。根据某国际知名英语教育机构的英语熟练度指标报告显示，中国在 100 个英语非母语国家中排名 40，在亚洲 25 个国家中排名第 8。报告指出，除上海、北京、天津等城市，中国其他城市对英语的掌握仅限于基本词语。

“我认为我们更重视英语考试的培训，而忽视了孩子英语能力的培养。”一位从教 5 年的初中英语老师说。

为什么让孩子学好英语这么难？为什么让孩子开口说英语难上加难？

【孩子不愿意学英语行为的心理解读】

目的性不足

根据阿德勒的理论：任何行为的背后都有它的目的。孩子没有发生学英语的行为，说明孩子内心对于英语学习的目的不知道或者不明确。

国内学龄前儿童的英语教育，大多是家长心里的必需品。家长负责选择合适的英语培训机构，让孩子开始英语的学习行为。培训机构多种多样，有的相对较为传统，采用教师授课，孩子跟读、背诵、课后跟踪反馈等方式。有的相对来说较为新颖，采用外教全程对话、英语歌、英语剧、英语活动等多样化外语教学，或者称为沉浸式英语教学模式。因而，孩子们的学习效果良莠不齐。

对 0 ～ 6 岁的孩子来说，虽然处于语言敏感期，但是他们仍然处于一个被动学习阶段，对于语言的学习主要是靠听说模仿，属于输入阶段。所以，想开动孩子学习的行为，必须要让孩子有“欲望”。在国内，孩子完全不需要英语，就可以满足他这个年龄的所有基本需要：生理需要（跑、跳、活动）、安全需要（父母的关注与爱）、社交需要（沟通、交友）。所以孩子很难产生学习英语的欲望，自然学习效果不会太好。

我们可以对比一下国内和北美母语非英语的移民家庭孩子的生活环境。

在北美，即使是母语非英语的移民家庭，父母都是移民，家中仍然用非英语沟通，孩子的第一语言仍然会是英语。为什么？

孩子在参与社会活动前，还是在非英语的环境中生活，但是到了托儿所或者幼儿园后，孩子所在的社会环境是英语环境，孩子为了适应环境，他需要用英语才能够满足自己的社交需要（交朋友、与朋友互动）、安全上的需要（不被同学看低，不与环境格格不入），表达自己的生理需求（要吃饭、喝水、换尿布等）。

通过对比我们可以发现，即便都是母语非英语的家庭，由于孩子接触的社会环境不同，导致孩子产生了欲望，有了用英语沟通的目的，学习英语的行为也就自然而然地发生了。

环境资源不足

国内的家长们在家庭环境的布置方面也做足了功课，希望通过营造家庭环境，给孩子输入更多的英文内容。很多家长在家里经常播放英文歌曲、英文电影，买一些字母卡、英文书，等等。好的家庭环境的确会帮助孩子，会不断地吸引孩子，有可能调动孩子的求知欲，让孩子有欲望去了解，或者反复出现学习内容，提高了学习内容出现的重复率，促进孩子记忆，但这些资源远远不足。英语对于国人来说仍然是第二语言，孩子每天看到的、听到的、运用的仍然是汉语，他完全可以通过汉语去了解自己想知道的一切。在国外，即便是华人的孩子，也需要生存在 24 小时都是英语的环境中，远远超过国内人搭建的短暂的语言环境，孩子自然没有足够的“动力”去学习。

考试内容欠缺

对于学龄儿童，考试的方式可以促进孩子学习外语，因为考试成绩直接影响孩子的安全需要（成绩不好，被老师、家长批评，甚至打骂）和尊重需要（成绩不好没有办法得到他人的认同），也会对社交和自我实现需要都有间接的影响。

但国内的考试设计也并不理想。大多数校内的考试（包括中考，高考）仍然以阅读为主（80%），听力占比仅为 10%，口语表达几乎不占分数，或者不影响总成绩。所以学生只需要学好单词、语法即可。而这对英语的能力提高几乎没有太大作用。即便是国外的雅思、托福、GRE 等考试，孩子仍然更重视分数，因为分数是决定他们最后能否申请到学校的敲门砖，所以出国后重新学英语的个案不在少数。

【家长该怎么做】

英语并不是必需品，家长切勿掉入“比较”的深渊

家长应该了解，学英语只是家长自己的愿望，并不一定是孩子的“愿望”，只是家长觉得学英语有用，孩子并不一定认为“有用”，或者是家长看到别人家孩子学了，觉得我们家孩子也不能落下，但孩子并不觉得自己不学英语就是“落下了”。

如果家长想让孩子学习英语，应该培养孩子的内在动力性，让孩子自己产生学习英语的愿望，而不是不由分说地送孩子去上

补习班，然后不断地督促孩子和检查孩子的学习情况。

帮助孩子体验语言的乐趣

学习方法是多种多样的，适合别人家但不一定适合自己家。每个孩子不一样，接受程度、理解程度、性格、喜好完全不同。但是有一点是相同的，孩子对吸引他的东西都会产生极大的兴趣。与其让他对语言产生兴趣，不如让他对英语故事本身产生兴趣，让他希望去读懂、看懂故事，产生行为动力。

让孩子有信心地学习英语

英语对孩子来说本来就是第二种语言，是完全陌生的，对陌生的事物人会有本能的防御心理和焦虑、紧张的心态，这都不利于学习内容的输入。根据自我效能理论，当人们相信自己拥有完成某种任务的能力时，他们便愿意投入该任务活动中，对该任务采取行动。所以对孩子的英语培养不能操之过急，需要循序渐进，让孩子一点点地对自己的学习行为产生自信后，才能放下防备，投入学习之中。

第5节 网络：诱人的世界，妈妈不懂

随着新型冠状病毒感染的肺炎疫情在世界范围内的暴发，世界各地的大、中小学相继放假，学生在家利用互联网完成教学内容；各国饭店、商场纷纷关闭，人们利用互联网点餐、购物，在家享用美食、购买刚需产品；为了让人们待在家里，各大媒体公司开放媒体资源，人们可以待在家中看电影、最新的视频、明星直播；互联网医疗对疫情实时监控；互联网办公……一场疫情让互联网的优势展示得淋漓尽致：高速的信息传播、打破地域的限制、低廉的价格，互联网被推到了浪潮之巅。互联网的存在及其势不可挡的势头，使它具有独特的价值和不可替代的优势。

互联网对儿童精神、身体健康影响的讨论从未休止过。全球信息共享可以让青少年通过网络抵达世界各地，认知世界；虚拟社交网络，可以让青少年跨越距离和时间，通过网络与志同道合的人交流，满足情感需求；高速的网络传输，可以让青少年随时随地调用资源，查找需要的学习内容。网络的私密性，让青少年遇到尴尬的、私密的敏感问题时，可以求助于互联网。

互联网也可能是洪水猛兽，网络暴力、网络成瘾、网络犯罪、网络色情也威胁着青少年。研究表明，青少年（12～17岁）相对于其他年龄群体，上网更加普遍，更有上瘾的风险。有相当数量的未成年人存在过度上网的行为，在亚洲，约有20%的青少年

面临网络成瘾问题，其中韩国和中国是最严重的。

2010 年一项针对青少年的调查发现：在互联网上花费过多时间的青少年其焦虑和抑郁的水平更高。还有研究显示，网络成瘾与其他的瘾症类似，会对大脑的容量产生影响，从而导致大脑对情绪的处理和大脑功能产生变化；沉迷网络的程度与学业成绩呈负相关，会导致家庭互动减少、影响亲密关系，过度地沉迷于在虚拟世界中建立社交关系的青少年，其现实生活关系会遭受不同程度的影响。

【孩子沉迷网络行为的心理解读】

获得虚拟的自我认同感

埃里克森的理论认为，青少年面临的主要发展障碍是获得自我认同感——一种对于自己是什么样的人，将要去向何方以及在社会中处于何处的稳固且连贯的直觉。自己究竟是谁，该怎样做，能做什么，不断地困扰青少年，让他们不断地去尝试，通过尝试去寻求答案，互联网刚好提供了这样一个可能。

据统计，有 24% 的青少年会在上网的时候扮演不同的人，33% 的青少年会给别人虚假的注册信息。互联网相对于现实生活，是一个虚拟的空间，它可以给青少年一个重新构建自己的机会，让他们去尝试不同的角色，扮演不同类型的人；互联网提供虚拟的网络游戏，让青少年可以在网络游戏中体验完全不同的生活，通过网络获得自我认同感。2004 年的一个研究报告中指出，青少年利用互联网变换自己的身份，并以更受欢迎的身份从网络互动游戏角色认同等方式获得更高的自尊。

性发育带来的网络沉溺

进入青春期后，性发育是这一阶段的一个重要特征。青少年期的另一个主要障碍就是如何正确对待和表达性的感觉。不断地观察自己身体的变化，感受自己身体和情感上的需求，他们极度渴望了解这些变化的原因，渴望被引导，被关注，却又不愿与家长或者亲密的人提起。互联网作为一个媒介，给青少年提供了大量的性信息供青少年搜索、学习；形形色色的情感故事给青少年提供了性幻想的素材；隐蔽的交友体验，让青少年完全可以投入地与网络另一端的人探讨性；但同时，互联网也使他们有机会以安全匿名的方式追寻对自己的性认同，避免了真实世界中可能遭到暴露自己的危险。这些都让他们沉迷于这个虚幻的世界不能自拔。

情感缺乏，生活满意度低带来的网络成瘾

2017 年的一个研究显示，孤独、情感需求缺乏、生活满意度低等心理困扰是学生网络成瘾的重要因素。青少年时期是敏感的，他们渴望被关注的心态比任何一段时期都强。他们如果在现实社会找不到渠道来满足自己渴望被关注的心理需求，就会倾向于互联网。

相比较现实社会，互联网获取关注更容易，也更刺激。现实社会的社交，需要建立在面对面的基础之上，这对敏感、羞涩、性格孤僻的青春期孩子是一个极大的挑战。另外，现实的社交圈子受空间、时间的限制，很难让面临学业的青少年来一次说见就见的友谊会面。而互联网完全没有这样的局限性，手机可以上网以后，青少年上网变得更加便利。学生可以完全隐匿自己的身份利用社交软件交友，可以在虚拟游戏中肆无忌惮地寻找志同道合的同伴。

青少年渴望独立自主的个性特征造就了网络成瘾

青少年渴望成人，独立意识变强，渴望获得自主性，凡事希望自己解决，但又缺乏解决问题的经验，遇到一点挫折就会引起他们的情绪波动。这个时候，网络为他们提供了一个可以逃避的温床，在虚幻世界里，他们的情绪可以宣泄，可以暂时遗忘不愉快。

【家长该怎么做】

互联网之于青少年，就如一把双刃剑，有有益的一面，也有不利的一面。在科技飞速发展的当代，我们不能回避科技带给青少年的不良影响，也不能放弃科技对于青少年发展中占据的不可替代的优势，我们需要找到一个平衡点，让青少年利用好互联网的优势，帮助其学习、创造、成长。

帮助孩子增强自信——自我效能感（Self-efficacy）

英国心理学家马克·格里夫说，首先要尝试理解孩子。如果孩子玩游戏是因为自尊心受挫，那么父母应该着手提高孩子的自信心。

自信是个体作出并经常保持的对自己的评价。

世界上没有完美的孩子，父母应该多去发现孩子的闪光点，多用正向的、积极的话语激励孩子，关注孩子做到的，淡化孩子没做到的。言语说服是加强能力信念的有效手段，所以当孩子在尝试改变时，积极评价表达了对孩子的信任，容易增强孩子的自我效能感。

帮助孩子了解互联网以外的世界

很多孩子最开始都是因为无聊而频繁地上网，每个人都有惯性，孩子习惯了互联网的虚拟世界，就会离现实世界越来越远。沉溺于其中的时候，犹如深陷沼泽很难脱身，需要家长等外在力量的帮助。家长可以帮助孩子合理地规划自己的日常生活，带孩子一起出门，参加户外活动，鼓励孩子与现实的朋友见面，尽量帮助孩子丰富他的生活，培养孩子其他的爱好，逐渐帮助孩子从虚拟世界走出来。

邀请有经验的人士与孩子交流

当一个人看到与自己水平差不多的人获得成功时，就能够提高其自我效能的判断，增强其自信心，相信自己也可以完成类似的行为操作。父母可以邀请有这方面经历的孩子，与孩子一起交流，分享心得，引导孩子从互联网世界走出来。

也可以邀请孩子比较信服的长辈，多与孩子探讨现实世界与虚拟世界的关系、区别和联系，帮助孩子分清楚现实与虚拟世界。

专业的帮助

家长应该了解，如果孩子沉溺于网络，孩子可能已经有潜在的焦虑和抑郁情绪。青少年自我认同感低，很容易产生焦虑和抑郁。如果孩子的抑郁情绪很明显，一定要寻求专业的帮助，防止情态恶化。

关爱孩子

除了对孩子衣食住行的照顾，精神上的关爱对孩子更为重要。一个人的情绪状态会影响自我效能感的水平，家长要多投其所好，多与孩子交流他们感兴趣的事，让孩子快乐起来。

第 6 节　多动：一个最常给孩子贴的标签

小宇又一次被老师找家长了。这一次是因为他上课的时候，举手想回答问题，他一手高高地举着，一只脚就不由自主地踏在了椅子上，椅子一歪，他直接摔倒在地板上，引得全班同学哈哈大笑，还有几个同学争相效仿，搞得课堂一片混乱。

“坐不住板凳，坐在椅子上不停地扭屁股，故意搞出声音，跟周围同学讲话，没人搭理他的时候就自己跟自己说话，你这个孩子有问题，快去查查是不是多动症吧！”老师的一席话让小宇的妈妈很担忧。

小宇真的得了多动症吗？

像小宇这样的孩子并不是少数：特别好动、喜欢讲话、上课注意力不集中，甚至是不爱写作业、喜欢大喊大叫、不爱顺从家长的意愿等。这类孩子往往被家长、老师甚至是同学贴上“多动症”的标签。真的是这样吗？

【孩子多动行为的心理解读】

多动症是什么

多动症又称注意缺陷多动障碍（ADHA: Attention deficit and

hyperactivity disorder），是一种儿童期常见的神经行为症状，它的临床表现以注意力不集中，存在多动和情绪冲动为主。1987 年，“多动症”一词首次出现在美国精神医学学会出版的《精神障碍诊断与统计手册》中，而这家学会被认为是精神健康诊断机构中最具话语权的机构之一。

虽然科学家们一直不清楚多动症发生的原因，但是对多动症的诊断和治疗从未停止过。据美国疾控中心报道，美国患此病的人数从 2003 年到 2011 年呈持续上涨的态势，许多科学家和医学专家从现实角度认为，无论怎样，这是一个会对人生活产生严重影响的疾病，如果不及时干预治疗，后果不堪设想。

多动症一直饱受争议

90% 被诊断为多动症的孩子没有不正常的多巴胺代谢

多动症的存在一直饱受争议，最有名的“讨伐者”是哈佛大学著名心理学家杰罗姆·卡根。他曾在接受《明镜周刊》（*Der Spiegel*）采访时，对多动症的神经学基础表示强烈的怀疑，他甚至指出这种疾病是精神病学家和制药业为了赚钱而制造出来的。他认为数以百万计的孩子被诊断成多动症，但是 90% 的孩子都没有不正常的多巴胺代谢。

早入学的孩子易被误诊为多动症

有一项研究是由 17 个研究小组构成，覆盖了超过 1400 万儿童，分别来自 11 个国家和地区的专家研究指出：在教室里年龄最小的孩子会被诊断为有多动症并进行药物治疗。

英国药学期刊的一篇文章也提出：多数早入学的孩子可能被误诊为多动症。“相差一岁，孩子的行为差异会很明显，而老师往往会给孩子贴上多动症的标签。”

教师的报告导致误诊

有研究认为：目前，仍没有对多动症的生物标记物和物理测试方法，仍然很大程度上取决于教师对孩子行为的报告。“在全球范围内，都存在教师误导诊断的情况，特别是对年龄最小的孩子。虽然教师并不是直接诊断的人，但是他们通常暗示孩子是可能患有多动症的人。”

被掩盖的其他问题

澳大利亚阿德莱德大学一位儿童与精神病学教授还提出：“当孩子在学校受到欺凌、睡眠不好或者遭受虐待或者很多其他问题，有时候也会被贴上多动症的标签。”

一本名为《多动症并不存在》的书中提出：多动症并不存在，只有两类人会被诊断成多动症，一类人是有注意力分散和冲动行为的人，另一类是有其他问题需要个体治疗的。不应该把他们混为一谈，然后贴上一个多动症的标签。

还有许多医生对过度诊断和过度用药，特别是对儿童过早地使用兴奋剂治疗提出担忧。

反击的声音

多动症患者大脑发育存在差异

但是反击的声音也并不在少数。有研究表示：多动症并非是虚构的，如果父母患有多动症，那么孩子遗传此病的概率会高达

57%；还有研究指出，脑部扫描显示，患有多动症的人的大脑存在发育差异，例如，额叶区域的皮质变薄。

多动症的诊断并不容易

多动症在同一个人身上的症状又会随着时间的变化而变化

“多动和冲动的行为会随着年龄的增长而减少，但是注意力缺陷会随之增加。”这又让多动症的诊断增加了难度。

专业人员很难全面了解孩子

更多的学者认为，多动症的最大难度是区别诊断：被诊断出多动症的孩子多数都有行为不端的表现，这是不争的事实，然而并不是出现注意力不集中、活动过度和冲动行为的孩子就一定是多动症。专业人员不能全面了解孩子的背景、个性，那又如何去区分多动症与学习障碍、焦虑症、抑郁症、阅读困难等存在类似行为的问题呢？虽然这些行为需要治疗或者改善，但是不能一概而论，贴上一个多动症的标签。

模糊的诊断

在美国，大约有 500 万的儿童被诊断为多动症，患病率为 3.4% ～ 4.7%。对于多动症的诊断并不是单一的测试，需要基于现象、症状、行为、病史、环境等，同时还要结合儿科医生、心理学家、精神病医生、教师的意见进行全面评估。但专家提出，只有半数的孩子表现出了与多动症诊断相符的认知缺陷，认为现在识别多动症的方法需要改进，需要增设额外的心理测试。哈佛大学心理学家指出美国多动症病例现正快速增长，他把这个现象归因于模糊的诊断，并用以下的例子来说明自己的观点。

“让我们一起倒退 50 年，如果那时有一个 7 岁的小孩，对于上学感到无聊，并且常常在课堂上注意力不集中、搞破坏影响别人，大概他会被认为是个懒惰的孩子。而现在，他会被认为是多动症。这就是为什么数字一直在疯狂增长。”

在国内，诊断标准基本与国际接轨，患者有 1400 ～ 1900 万，患病率为 4.31% ～ 5.83%。

【家长该怎么做】

及早评估

多动症的诊断和治疗方案虽然饱受争议，但是孩子出现的问题行为是不争的事实。如果家长怀疑孩子有多动症的可能性，一定要去专业的医院做诊断和评估，及早确诊、及早采用科学的治疗方案。

对男孩多一些宽容，多一些耐心，多一些等待

但对于一些“类”多动症的孩子的多动行为，作为家长，特别是男孩子的家长，我们需要多一些宽容，多一些耐心，多一些等待。

男孩子脑干中有更多的脊髓液，血液中的多巴胺含量高于女孩，这也是他们精力旺盛，体力充沛的原因，这让他们更好动，

或者动个不停，他们需要这样的方式来消耗掉过多的精力。

因为荷尔蒙的差异，男孩子在 4 岁以后，比女孩更具有攻击性，这让他们更喜欢打架、淘气、争吵。

男孩更多的红血细胞让他们在运动上更出色，但也让他们更爱跑跳、打斗。

男孩的大脑中左右脑之间连接结构发育的速度和数量不及女孩，这是男孩子语言能力发育较弱的原因，这让男孩子显得“呆头呆脑”。

男孩更倾向于动手解决问题，因为他们的大脑的右半球内部连接更发达，这也是他们活动不停的原因。

女孩的大脑结构让她们更善于人际交流和自我控制，这使同龄的男孩显得更加封闭、急躁和不受控制。

男孩的大脑发育速度整体都慢于女孩，要迟 6 ～ 12 个月。

每个孩子都有自己的节奏，作为家长，我们应该尝试多给孩子些时间，让他们按着自己的节奏，逐渐地懂事、成熟起来，我们应该带着觉知，去看待孩子的与众不同。

帮助孩子客观地看待自己

我们还需要知道，一个好动的孩子，承受的压力远超于其他的孩子。他们接受了更多来自老师、同学、旁观者的负面评价，这些会让他们越来越焦虑和不自信，让他们不知所措。作为家长，我们需要帮助孩子去正视自己的问题，区分自己的缺点和优势，帮助孩子客观地看待自己。

对于好动的孩子，他们的另一面是精力充沛、体力超乎常人。人的精力就如流动的水，宜疏而不宜堵。我们一味地想控制孩子，让孩子停下来，不如去帮助孩子做一些他真正喜欢的、有助于他成长的事情，帮助他们扬长避短，寻找内心所向。

第三章

社交篇——家庭是孩子最初的社交圈

第 1 节　打架：孩子自我意识成长的分水岭

小震今天在幼儿园打架了，原因是另一个小朋友先打了他，他还手的时候被老师看到了。

妈妈虽然批评了小震，但是心里也犯着嘀咕：

孩子在幼儿园被其他小朋友打，到底该怎么办？

跑开？会不会让孩子一而再、再而三地被欺负？

打回去？会不会以后成了小霸王？

告诉老师？会不会让孩子被小朋友排斥？

像小震妈妈这样的家长不在少数，孩子三天两头在幼儿园制造问题，有时是被人打，有时是打别人，孩子这样的行为怎样引导才好呢？

【孩子打架行为的心理解读】

遗传因素对孩子攻击行为的影响

正如上一章所谈到的，男孩体内的雄性激素（睾丸素）水平要高，这是导致男孩比女孩在身体攻击和言语攻击上都略胜一筹。

加拿大蒙特利尔大学还做过一个有趣的实验，通过对 555 对双胞胎进行跟踪和分析，他们发现 6 岁以前出现攻击行为的原因主要是遗传因素，在成长过程中攻击行为会减少，而 6 ～ 12 岁时孩子行为变化是因为环境因素的影响。

需求没有被满足

幼儿期间出现的攻击行为，大多数是因为孩子的需求没有得到满足。根据弗洛伊德的观点，婴儿期孩子缺乏道德化的本能，他们只会按照自己的冲动行事。直到自我出现后，儿童才能够对自己的善良行为感到自豪，对自己的违反道德的行为感到愧疚。

婴儿在 1 岁左右会出现彼此争夺玩具的冲突行为，这是攻击行为的萌芽，随着年龄的增长，冲突只增不减，但是早期的冲突行为，不一定会发展成为未来的攻击行为。父母的解决策略却对未来孩子的行为有一定的帮助：当成人可以友善地化解冲突时，儿童会效仿父母的行为，他们往往会在以后面对冲突时，做得更好。

家庭环境对孩子攻击行为的影响

研究发现，低收入家庭的孩子比中产阶级的孩子表现出更多的攻击行为和更高水平的犯罪率。低收入家庭的父母更倾向于用体罚来压制孩子的攻击和反抗行为，这种行为，实际上是为孩子的攻击行为提供了榜样。低收入家庭的父母也更倾向于用攻击的方式来解决冲突，并鼓励孩子在面对同伴的侵犯时，采用同样的办法。

心理学家帕特森提出了强制性家庭环境的概念，他指出在这种家庭环境中，大部分交往都围绕着一方如何试图制止另一个成员对自己的挑衅。家庭成员之间很少有亲切的交流，取而代之的是不断的互相争吵或者挑衅，这种消极的教养方式会不断地相互影响、相互强化。

电视、互联网、游戏暴力对孩子攻击性人格的影响

父母会利用现代科技来限制孩子观看到暴力内容，很多手机、电视都有相关的配套软件。但是还有一类暴力内容是容易被父母忽略的：被孩子们喜欢的英雄角色类的游戏或者电视节目。父母恐怕不相信，电视节目中的暴力行为有将近 40% 是由孩子们喜欢的英雄角色做出来的。孩子们在观看这些喜欢的英雄人物后，他们记住的往往不是那些搞笑的温和的生活场面，而是“战斗”。

同样，电子游戏是当下难以避免的儿童娱乐项目之一。电子游戏中更充满了各类暴力、打斗、攻击取胜的游戏内容，更容易帮助孩子养成攻击习惯。特别是游戏的形式，儿童会不自主地开始设计、实现攻击行为来获取最后的胜利，在获得成功后，他们整个的攻击行为再次被强化，相对于电视节目，游戏的教唆作用更明显。

攻击是孩子社会化的一个过程

每个社会都有一系列的情绪表达规则，攻击也是一种情绪表达方式。儿童在 2 ～ 7 个月开始出现愤怒、悲伤、快乐等情绪，到 18 ～ 24 个月时才能够开始理解自己和他人的感受。随着孩子长大，他们在社会化的过程中，才会逐渐学会控制情绪，学会如何表达情绪、如何用沟通的形式来处理冲突，学会自己疏导自己的攻击冲动，所以孩子在 2 ～ 4 岁会出现一个攻击高发期，随后会越来越少，只有少部分的儿童会形成习惯性攻击。据统计，学前期攻击性较高的男生到了青春期，只有八分之一还具有很高的攻击性。

【家长该怎么做】

尽管说服引导的效果比较好，但是实际上，没有一种教养方式会对所有儿童都起作用，最有效的方式，是能够适合儿童行为和其他特质的方式。

建立和谐的环境

对于 5 岁前的幼儿，尚处于自我中心阶段（前道德阶段），这个年龄的孩子对道德的认知并没有形成，也没有形成利他主义品质，即分享行为只有在成人教育或者同伴主动提出要求的时候才会发生。对于这一个阶段的孩子们，避免他们出现攻击行为的最好方式是为他们营造一个和谐的环境并有足够的食物、玩具等，这能有效回避他们因为需求不被满足而产生的攻击行为。同时也尽量回避他们接受攻击行为内容的刺激：电视节目、动画片、攻击性玩具等。

利用正面强化来鼓励孩子

鼓励采用正面强化的方式来帮助孩子建立正向积极的行为方式。当孩子出现争抢、打闹、攻击等行为时，除非是非常严重的行为，家长可以采用尽量忽略的方式，而当孩子出现合作、分享等积极的解决方式时，家长要表现出积极、正向赞美来对孩子的行为进行强化。这对减少孩子希望用攻击来引起家长关注的攻击行为很有效。孩子们很快就会了解怎样做才是最好的解决办法。

尽量保持平静和耐心

孩子无时无刻不在观察家长的行为举止和态度，特别是在他们想要发泄情绪的时候。这个时候，家长的一举一动都是对孩子一个引导。我们要尽量保持平静并客观地帮助孩子看到他的愤怒情绪，帮助他们意识到他们正处于生气状态，帮助孩子学习了解自己的情绪，告诉他们遇到这样的情况时，如何可以让自己平静下来，处理自己的情绪。让他们学会换位思考和同理心，学会从对方的角度考虑问题，放下自己的情绪会轻松很多。

同时，我们还应该注意自己的反应态度，如果家长表现得过于激动，或者过于强硬地指责孩子，实际上对孩子的行为是再一次的强化。孩子在被责骂的同时，也学会了责骂的处理方式。父母与孩子的交往模式，会无形中被孩子学习、消化，最后内化成孩子的社会交往模式。

各打五十大板

我们可以耐心地去听孩子们说完相互指责的话，但是不要让自己陷入分辨是非、到底是谁对谁错的泥潭里，不要把自己当成裁判员。最好的方式就是：各打五十大板——相同的惩罚，给到每个参与者。这会让孩子们知道，无论开始的原因是什么，结果都是一样的。他们彼此攻击，各打五十大板的惩罚方式就是告诉他们这次战斗没有获胜方，每个人都要为这次争夺付出被惩罚的代价。

告诉孩子应该怎样做

告诉孩子什么是可以做的，什么是不可以做的。告诉孩子家庭对他的行为要求的底线，底线是不可以随便逾越的。同时还要告诉孩子，在他们违反规则时他们会受到怎样的惩罚，他们的攻击行为会造成怎样的后果，和如何弥补自己的过失。当然，这些都需要在心平气和的时候来完成，如果孩子已经处于攻击边缘的情绪状态中，我们最好的办法是让他们先平静下来，或者带他离开事发现场。

第 2 节　礼貌：帮孩子学会共情

小琪是一个 5 岁的小朋友。他妈妈最苦恼的事情是他无论是在家里还是在外面都喜欢乱翻东西。特别是在别人家的时候，每次都弄得很尴尬。

小蕊是一个 8 岁的小女孩，她在学校里特别有礼貌，同学、老师们都很喜欢她。可是她的妈妈却很苦恼。

“她经常在家里指挥我们，对我俩（小蕊的父母）呼来喝去，也从不考虑家里人的感受。”她妈妈说起这事儿很无奈。

类似这样的话题经常可以听到：

“现在的孩子越来越没教养了！我跟他说话他连眼睛都不抬，就一直看着手机！”

“家长惯的！”

“一家一个闹的吧？”

“生活条件太好了，把老祖宗的规矩都给忘咯……”

见到认识的叔叔阿姨要打招呼，在公共场合不要大声喧哗，不要在公共场合乱涂乱画，跟人交流的时候要看着对方的眼睛，遇到长辈要称您，收到别人的东西要说谢谢，要离开了说再见……这是笔者小时候家长的教诲，现在这些礼貌还有人教吗？

“可是现在的孩子们每天的注意力都在电子产品上，他们没有机会去学习如何有礼貌地交流与社交。而事实上，我们的家长也在给孩子提供‘榜样’，家长也是一分钟都等不了地在玩手机。”——一项 2014 年的调查，有 75% 的家庭在吃饭的时候，都会各自玩着自己的手机，有三分之一的家长整顿饭都在玩手机。

国外做过一个问卷调查，内容是：你觉得现在的孩子比以往更有礼貌了，更无礼了，还是跟以前差不多？四分之三的家长认为现在的孩子不如他们那个年代更有礼貌。

礼貌、教养都是维系人类社会正常运转的道德规范，因社会风俗、习惯、传统不同而不同。

例如，在我国，孩子直呼长辈的姓名是不礼貌的行为。而在北美，很多家长却鼓励孩子这样做，因为他们认为这样可以更加平等地跟孩子相处。

【孩子对他人无礼行为的心理解读】

礼貌行为并非与生俱来

很多心理学的观点都指出婴儿是不存在道德规范的。精神分析学派说婴儿缺乏道德化的自我，直到 3 岁后才开始逐渐发展。皮亚杰的道德发展理论认为，5 岁之前的儿童都处于前道德时期，随后才逐渐形成道德意识。科尔伯格又在皮亚杰的基础上，完善了道德发展论，他更强调文化、习俗在道德中的分量。虽然孩子礼貌行为跟随其道德意识的发展而发展，但儿童在婴儿期（12～18 个月）就会表现出利他行为（亲社会行为，礼貌行为的早期表现），例如分享玩具，帮助父母做家务。这个时期的孩子可以从父母的情绪中调整自己的行为，但是这个时期的孩子大多数行为还是没有意识的，而 18 个月以后，孩子会逐渐理解自己和他人的感受。这是一个很好的时机去帮助孩子了解自己的行为对其他人的影响，也是一个好的时机去帮助孩子了解什么是礼貌的行为，什么不是。

礼貌行为如何产生

根据班杜拉的社会学习理论，他们认为道德行为与其他社会行为是相同的，都是强化惩罚和观察学习。也就是说，孩子礼貌行为很大程度上是个体所在环境的影响所造成的。而且所谓的道德正确与否与发生礼貌行为所在的情境密切相关。例如，年轻人如果不给年长的人让座会被视为不礼貌，但如果年轻人正在生病，那么没有让座的行为就会被认为合情合理。

关于观察学习

对幼儿来说，他们像一个吸水的海绵，不断地从环境中吸取他们观察到的一切，特别是他们的抚养者。所以当孩子对手机产生莫大的兴趣时，家长不妨回忆下自己是不是在陪伴孩子时，经常拿着手机玩。

很多孩子的不礼貌行为来自家长。他们在家庭环境里学习着父母的一言一行。

关于强化惩罚

礼貌行为与其他行为类似，如果不断地强化，该行为的出现频率将会增加。如果是正向强化，孩子的行为会不断地朝着积极的行为方式发展，如果父母总是对孩子不好的行为进行指责，则同样构成强化——对孩子不好行为的强化，孩子会朝着相反方向发展。幼儿的自控能力不强，所以，需要家长帮助孩子，不断地强化好的道德行为，这样孩子也会朝着好的道德方向发展。

例如，孩子与小朋友分享了玩具，父母需要立刻对这个行为表示出赞赏，这就形成了一次正向强化，让孩子知道这样做是满足父母期待的，是对的。

当孩子抢了小朋友的玩具，父母此时指责，只会再次对“抢”这个行为强化，正确的做法可以是把孩子抢到玩具还给小朋友，并告诉孩子对的方式：如果想拿别人手中的玩具，需要说能让我玩一下玩具吗？谢谢。

关于合理的要求

父母可以用温和的、包容的态度给孩子明确的、合理的要求，例如，想要拿别人手里的东西时，要先询问；别人给东西之后要说谢谢……孩子有很强的欲望去满足父母所提出的要求，经过不断的行为肯定，即当孩子说出谢谢时，给予肯定的赞赏，孩子很快就可以达到父母的要求，形成父母期待的礼貌行为规范。

权威在礼貌行为形成中的作用

当孩子在他律道德期（5～10岁）时，孩子的道德意识明显增强，他们会听从权威，权威对孩子来说是最好的榜样。这个时候，父母、老师、警察等都是他们心目中的权威。如果这个时候，权威人士可以明确地给予儿童好的行为榜样，儿童是很愿意效仿学习的。甚至是孩子里年龄大的那个，如果哥哥（姐姐）做出了分享的行为，弟弟（妹妹）就会学到。

儿童10岁以后，会有自己的主观想法，他们会开始质疑他们曾经顺从的规则，也会不断地产生自己判断行为礼貌与否的标准。这个阶段的青少年，开始逐渐进入青春期，在青春期的这段时间里，他们自主意识开始增强，会对由别人的规则提出质疑，或者不再像以前那样顺从，这会让家长觉得孩子开始变得没礼貌了。实际上，在家长感觉到孩子不顺从的那一刻起，我们的孩子开始长大了，这是他成长的一部分。孩子开始学着自己思考，将之前十年不断地学习、已经内化的行为规则重新分析整合，最终形成自己认可的行为规范，并持续下去。

自尊会帮助孩子形成好的礼貌行为

孩子在道德意识的成长过程中，逐渐形成自尊，大概在4～5岁（有的孩子会更早）他们就已经建立起自尊了。

自尊是孩子自己对自己的评价，孩子会对自己多个角度进行自我评价，最终形成总的自我评价。自尊是一个人前进的强大动力，会帮助人进行自我矫正，朝着自己满意的方向发展。有心理学家指出，人都有一种保持积极的、健康的、向上的自我形象的需要，这是个体发展的基本力量。所以自尊会帮助孩子逐渐朝着好的礼貌行为发展。

我们要帮助孩子获得自尊感，或者说让孩子成为具有较高自尊的人，即对自己感到满意，可以意识到自己的优点，也能看到自己的缺点，并希望克服，对自己性格和能力都感到满意。

礼貌的行为习惯是持续一生的进修

随着时代发展变化，对于礼貌的评定标准也不是一成不变的，礼貌的行为规则也在随着社会的发展变化而变化着。例如，科技无处不在的当下，如何在虚拟世界做一个有礼貌的人，也成为人们茶余饭后讨论的话题。

所以，对于孩子礼貌、行为举止的引导，也不能急于求成，需要静下心来循序渐进。不是每个孩子都可以很快地掌握社交规则——比如“见到认识的人打招呼，要有所回应”这个礼貌行为，对于容易型孩子（适应性较强的孩子），可能一次就可以掌握，而对于迟缓型气质的孩子（对于变动会有抵制的孩子），可能需要更多的次数、更多的时间。

每个孩子都有自己的节奏，作为家长，我们能做的就是给孩子提供适宜的成长环境，放下自己的控制欲，做好榜样示范。余下的时期，就交给时间，让孩子顺从他们的意识发展。

第 3 节　霸凌：欺凌与被欺凌同样值得关注

我成为今天的我，是在 1975 年某个阴云密布的寒冷冬日，那年我 12 岁。我清楚地记得当时自己趴在一堵坍塌的泥墙后面，窥视着那条小巷，旁边是结冰的小溪。许多年过去了，人们说陈年旧事可以被埋葬，然而我终于明白这是错的，因为往事会自行爬上来。其实随着时间的沉淀，往事虽然过去了，而你心里的那道门槛依然没有跨过去。

——小说《追风筝的人》对主人公阿米尔面对好友阿桑被欺凌的心理描述

“我刚转学，没有人认识我，也没有人喜欢我，他们嘲笑我的头发，嘲笑我的口音，我不知道为什么。”一个仅有 10 岁的女孩，遭受校园欺凌，直到她 45 岁的时候，才肯直视自己这段不堪的回忆。

——某新闻网站

孩子之间不应有的过激行为称为欺凌，不只包括身体上的侵犯，还有精神上的贬低、语言上的威胁、嘲笑都构成了欺凌。欺凌的行为通常反复出现，对孩子的心灵和身体伤害极大，有的时候可能会对受害者造成终身影响。

【孩子欺凌行为的心理解读】

欺凌离我们孩子并不遥远

欺凌、被欺凌，在孩子童年期就发生得比较频繁。孩子被欺凌的时间越久，就越容易对他们的身体上、情感上、心理上产生影响。被欺凌的孩子会容易形成退缩、害羞的性格，会缺乏安全感；他们可能会经常头疼、胃疼，甚至会失眠、做噩梦；他们可能会丧失专注力、丧失自信，甚至会导致自杀。即便是旁观者，都会有被伤害和害怕被伤害的感触。

欺凌离我们的孩子并不遥远。美国的一项全国性调查研究显示（15000 人，2001 年）：17% 的学生在学校期间被欺负过，19% 的学生在学校欺负过别人。最频繁的年龄是在青少年早期（6–8 年级，即 12 ～ 14 岁）。在我们国家，有 20% ～ 50% 的中学生曾遭校园霸凌。世界卫生组织对欧洲、北美等 42 个国家开展学龄儿童行为调查，曾遭遇校园霸凌的孩子约 30%，曾霸凌其他同学的孩子约 24%。

为什么最善良、天真无邪的孩子，却成为另一个孩子心底久久挥之不去的梦魇?

家庭环境的影响

“一个高攻击型的孩子最有可能来自一个暴力家庭，或者在家庭中被忽视。”美国北卡罗来纳大学一位教育学教授指出。霸凌行为是习得的，在家庭中，父母之间频繁的冲突和攻击，成为孩子模仿的对象。父母吵架会使儿童心里难受。而且家庭中的持续争吵，会让孩子和同伴的关系变得敌对和富有攻击性。

当孩子从家庭到了学校（社会），家庭带给他的社会互动处于负向状态时，孩子攻击他人的可能性大幅提高。同时，暴力的家庭，通过暴力行为完成家庭的权力分配，这让孩子了解到可以通过这样的行为来获得自己想要的利益。因此，孩子会模仿父母的暴力行为，利用这样的行为让别人服从于自己，达到自己的目的，感受到他人屈服带给自己的权利感。

在家庭中缺失关爱的孩子也更容易出现霸凌行为。如果父母总是冷漠的，采用斥责、惩罚、家长制，甚至体罚来对待孩子，这会极度挫伤孩子的自尊心，让孩子内心深处长期处于自卑、压抑的状态。这些得不到关怀的儿童，会将内心积压的痛苦转嫁给他人，用来宣泄自己内心的不满。他在泄愤的同时，更渴望的是得到他人的关注，来填补内心的空缺。

教师的影响

根据社会学习理论，孩子在学校期间，会把教师当作权威，作为自己的模仿对象，所以教师对待学生的行为、教师的管理方式也会对霸凌行为有影响。另外，如果在班级内发生了霸凌行为，教师没有制止和干涉，任其发展，或者不闻不问，这会让学生收到错误的信号，认为这是可以的、被允许的，这会让学生的价值观错乱，更会增加霸凌行为发生的可能性。

受欢迎的利诱

受欢迎的儿童反而会发起更多的争斗，更具有破坏性。我们很难将受欢迎的孩子和霸凌联系到一起，但是，根据研究发现儿童青少年的受欢迎性和攻击倾向之间存在正相关。受欢迎的孩子一般是具有魅力的，他们有更好的社交技能，这些孩子们拥有很多孩子期待的东西，他们也被更多人接纳，拥有较高的地位，这让他们随时可以采用排挤、威胁或者忽视、散布谣言等形式，来攻击其他孩子，获得更高的地位，更受欢迎。

这可能是我们最容易忽视的一个层面。比如，很多学习好的孩子，赢得了更多的老师的关注和赞许；在班级里担任班级干部，拥有比其他同学更多的机会和资源，但我们应该注重学习好孩子利他主义能力的培养，更让他们愿意分享自己的学习经验，帮助同学，避免学习好的孩子对学习稍差或者在班级比较调皮的孩子的排挤和冷落。

生物的本能

奥地利心理学家康罗·洛伦兹曾在他的书中《攻击与人性》提出："攻击性是动物的本能，而人也是动物，一开始也是要遵守弱肉强食的丛林法则，孩子刚出生时就和动物一样，在接受教育前，他们的世界其实就相当于是弱肉强食，他们对弱者不屑，并愿意依附强者。"所以对儿童来说，教育特别是家庭的教育格外重要。

网络霸凌影响更为广泛

网络霸凌已经成为校园霸凌的一种新的模式。由于网络的流传性，让校园霸凌事件传播得更广，会被更多的人看到，带给欺凌者更膨胀的虚荣感，同时也带给被欺凌者更大的伤害。现实生活中的欺凌有时候还会跟网络欺凌同时存在。越来越多的孩子拥有手机，他们会将看到的内容随时传播到网上，或者继续在网上实施威胁、恐吓、散布。这无疑会对被欺凌者带来双重的伤害。

缺乏共情能力

对于霸凌的孩子，他们的内心往往是扭曲的，缺乏共情能力。他们看到那些被霸凌的孩子表现出痛苦、难过甚至是绝望时，并没有让他们产生共情，没有体会到被霸凌孩子的痛苦感受，反而产生了一种快感和满足感。这种感觉，让他们觉得好极了，即便他们可能会面对惩罚和指责，但是他们乐此不疲。而他们之所以变得如此冷漠和扭曲，更多的还是因为他们的父母、家庭让他们共情的能力被压抑，甚至是被挫伤。

【家长该怎么做】

不要让孩子形成习惯性攻击

小朋友在 9 岁以前的打打闹闹是很普遍也是很正常的现象。9 岁之前不存在霸凌现象，因为小于 9 岁的儿童经常不能区分什么是欺负，什么是一般的争斗。但是如果他们的欺负行为不断地被强化，而没有被很好地引导，就很容易成为习惯性欺负者，甚至带到成年。所以，在孩子低龄期间，就要对孩子的攻击行为采取正确的引导方式（上一节有详细的讲解），帮助孩子建立健康的道德行为。

培养孩子的共情能力

共情是一个人体验他人情绪的能力，是可以通过方法习得的。当幼年的孩子（9 岁前）出现打打闹闹的行为时，家长就有一个帮助孩子提高共情能力的机会，例如，当孩子看到邻居孩子被欺负的场景时，家长可以询问如果自己是那个被欺负的人，会有怎样的感受。这类问题，有助于唤起儿童的思考，培养他们的共情能力。

建立一个良好的道德行为环境

对于霸凌这种习得性行为，最好的方式，就是不要让这种行为的种子得到有益于其生长的环境。

如果是家长，那么和谐的家庭氛围是给予孩子最好的礼物，可以帮助孩子在不知不觉中习得共情的能力，也避免了模仿学习攻击行为。

如果是学校，班级里要建立一种正向积极的道德行为环境，让同学们可以共同抵抗霸凌行为，帮助被霸凌者。

帮助霸凌者

更多的霸凌者也是被霸凌者，他们或是在家里被施暴，或者是被忽视，或者是多次目睹施暴场景的孩子。他们不懂得如何去表达和释放内心的压力，不懂得如何去传递自己的情感，也不懂得如何积极地社交。他们往往是自卑的，却又显得霸气十足，甚至他们内心是极度脆弱的，只不过是用一层厚厚的霸气的铠甲，将自己的内心包裹。所以，我们应该帮助这样的孩子，给予他们专业的心理帮助渠道。例如心理治疗、行为纠正等，给予他们心理上的指导。

第 4 节　脏话：孩子急切证明自己已经成熟

刚上幼儿园第 4 天的默默，学会说脏话了。

爸爸很严肃地制止了孩子，妈妈也在旁边有些担心。

怎么去幼儿园了还学会说脏话了？

家长们做出很多的努力，来防止孩子听到脏话；孩子们如果说脏话了，还会受到批评和惩罚；美国会通过监控电视节目防止孩子们听到骂人的话。可是类似于默默家的情况或早或晚还是会发生，为什么如此严防死守的情况下，脏话还是从孩子嘴里出现了呢？为什么大家对于骂人的话这么紧张？骂人的话对孩子有什么不好呢？

显而易见，脏话是很多打架斗殴行为的导火索。老话讲：祸从口出。两个年轻气盛的孩子，像两只好斗的公鸡，一言不合打了起来，这对孩子的人身安全构成了威胁。

脏话骂人的形式还会对他人构成口头的骚扰和虐待，是一种人身攻击的方式。

脏话本身并不具有损害孩子的能力，但是当我们如果看到一个满口脏话的孩子时，我们会默认这个孩子要么缺乏教养，要么家长素质不高，我们还会拉走自己的孩子，让他少与说脏话的孩子接触。

【孩子说脏话行为的心理解读】

脏话更容易被记住

脏话大多带有感情色彩，是带有情绪化的词语，相比较于中性词语，脏话具有其独特性，容易吸引我们的注意力，更容易被孩子们储存在大脑里。就好像我们更容易记住那些大起大落的悲喜剧情，而不是琐碎的柴米油盐生活一样。虽然在教室里，在老师、父母面前孩子们不会说脏话，但一旦遇到适合的情景，脏话就会脱口而出。

据美国的调查研究显示，在学龄期的儿童（6～7岁），每个人掌握的脏话词语不少于30个。这个数量让大多数家长感到惊奇，为什么知道这么多脏话的孩子，却从没见他说过？研究指出：家庭环境、父母的要求、社会氛围、孩子的行为习惯和情绪状态让孩子没有机会说出口。

说脏话的行为会跟到坟墓里

美国一位教授在2009年发表了一个观点：说脏话几乎和学说话是同时发生的。他说："我们从会说话起，直到老年痴呆，脏话还是会从我们嘴里蹦出来。"我们以每200个单词1个脏字的速度在说脏话，在青春期达到顶峰，男人比女人说得要多，还有一点很重要，人和人的差别很大。

幼龄儿童的脏话

0 ～ 6 岁是孩子对语言敏感的时期，这个阶段的孩子说“脏话”的时候只是对说话本身非常感兴趣，并不理解脏话的意思。特别是脏话相对于普通词语，更具有感染力，发音更突出，更能吸引孩子的注意力，更容易让孩子感受到语言的力量，所以，好奇的孩子在听到之后，越说越起劲，反复地练习。当他掌握了脏话之后，非常兴奋，爸妈自然就会看到一个说着脏话、兴奋不已的孩子出现在眼前。

青春期是孩子说脏话的高发期

青春期是孩子说脏话的高发期，这与青春期的心理状态有着密切的关系。

让自己显得成熟

青春期是一个寻找自我、证明自我的一个时期。孩子逐渐成熟，并且急切地渴望自己成熟，语言就是让自己看起来成熟的一个渠道。他们模仿成人的用词，他们学着成年人的说话方式，包括说脏话，他们会认为这就是成熟的标志。

年轻人的风气

青春期渴望被认同，孩子们不再自以为是，而是疯狂地渴望从别人的角度获得对自己的认同。他们会彼此影响，特别是模仿那些看起来成熟的同龄人，说脏话也是其中的一种。他们有跟风的心态，为了寻求同伴的认同，为了在团队里寻找归属感。他们对这种可以表现出力量感的语句特别着迷，他们彼此都觉得这很时尚，很酷。

情绪的宣泄

青春期也是思想动荡的时期，孩子们被激素搅乱了自己原有的步调，他们需要重新从一片混乱中找出自己未来的方向，自己是谁，自己要往哪里走。这在心理学里又称为同一性。所以他们会有那么一段迷茫的时期，因为他们需要重新通过学习、社会交往、兴趣等来发掘新的自己。这个过程并不容易，有的时候还会遇到困难和阻碍，这让他们的情绪更加起伏不定，他们需要宣泄，需要一种方式表达，脏话可以满足他们的需求。

他们不认为是脏话

孩子跟家长永远有着因为年代和年龄带来的代沟，特别是在语言的表达上。孩子们会通过电视、上网，听到和看到很多介于脏话和正常表达中间地带的边缘化词语，这些词语有的是新词、有的是老词新意，总之，孩子们认为这些词语被广泛地流传在媒体上，这属于正常生活可以接受的词语，不属于说脏话。

【家长该怎么做】

语言暴力与行为暴力都属于一类，都是习得性行为，所以，家长如果不想在家里听到孩子说脏话，首先要做好示范，做出榜样，做到自己不说脏话。

对于语言敏感期的孩子

平静以待

家长遇到处于语言敏感期的幼儿说脏话，切记不要批评、指责，孩子并不清楚自己说脏话的意义，表达的也完全不是父母心里认为的意思，所以，家长不妨冷静下来，平静地看待这件事情，给孩子一点时间，孩子的新奇感过了，自然就不说了。

做好模范

家长是孩子语言学习的第一榜样，在这个时期的孩子，他们很渴望学习说话，他们的小眼睛、小耳朵无时无刻地都在关注着父母的嘴、父母的声音。所以家长在做好自己、保证自己不说脏话的前提下，还要尽可能地多教给孩子一些词语，来表达他们逐渐丰富的情感和逐渐复杂的需求。

明确立场

父母也不能完全坐以待毙，在孩子状态好的时候，要跟孩子明确哪些词是好的，哪些是不好的，什么可以讲，什么讲了就不对。用正面教育的方式，帮助孩子学会正确的表达。

对待青春期的孩子

平静，再平静一点

听到青春期的孩子说脏话，父母很容易因为着急而跟孩子处在对立面，使得渴望自主和独立的孩子更加排斥父母。所以，遇到孩子说脏话的情景，先让自己平静下来，告诉自己这一天终于来了，终于可以跟孩子好好探讨一下“怎么样说话”这个问题了，然后再去跟孩子交流。

告诉孩子这不是一个成熟的人应有的表现

成熟的人是会控制自己情绪的人，是会用得体的语言表达自己情感、内心需求的人，而不是说脏话。放下自己家长的架子，放低自己的姿态，像朋友一样跟孩子分享自己青春期时做的出格的事，这样会使孩子们有兴趣愿意听下去，再慢慢告诉孩子成熟的人表达需求的方式。

多听听孩子怎么说

也许我们真的认为孩子说的那句话太让人难以接受了，或者玻璃心的只是我们自己而已。不如多找一些机会，跟孩子坐在一起，听听他们的说话方式，看看他们所关注的新闻，了解一下他们最近在追的剧，或许慢慢就会放下自己心里沉重的包袱——孩子不是学坏了，他只是长大了。当我们更了解自己的孩子时，我们不知不觉地也学会了年轻人的表达方式。

明确哪些话是雷区

我们虽然可以平静地接纳并用朋友的方式畅聊，但是我们的观点需要明确，有的话，就是不可以说，或者不可以在家里说，特别是一些带有侮辱性、伤害性的词语，让孩子了解到，这样的词会伤害到别人的，是社会接纳度的底线。但是我们也要接受一个事实——孩子可能接受，也可能只是表面接受，因为我们无法阻止孩子在外面说脏话。

像对待成年人一样对待孩子

我们需要再强调一次，青春期的孩子视同自己已经成年，他们比任何一个时期都渴望自己的独立。所以，忘记我们之前十几年对他们说话的方式吧，是时候改变了。如果可以，像朋友一样做好约定，什么样的话可以说，什么样的话家里不可以说，什么样的话即使在外面也不建议说。如果孩子的情绪不好，不要让自己像孩子一样幼稚，冲孩子大声说话，这样只会把他们吼走，让自己更加被动和骑虎难下。

第 5 节　孤独：不爱社交的孩子

前段时间我追了一个美剧，是《生活大爆炸》的外传——《少年谢尔顿》。男主人公谢尔顿（谢耳朵）从小就是一个智商超群、性格古怪的小朋友。直到他 9 岁，他妈妈突然意识到，小谢尔顿没有朋友！这可急坏了妈妈！她想尽了一切办法，帮助谢尔顿找朋友，直到看着谢尔顿跟他的第一个朋友在一起玩心爱的火车的时候，门外的妈妈留下了两行眼泪。

生活里，像谢妈妈这样的妈妈不在少数，我想也只有妈妈们能懂这份心情——孩子有朋友，担心交到坏朋友；孩子没朋友，担心孩子孤独、寂寞。本节我们就一起探讨有关孩子交朋友的问题。

【孩子不爱社交行为的心理解读】

我们越来越孤独

一份报告显示：在美国，有 30% 的青少年认为自己大多数的时间感到沮丧、孤独和不开心；有四分之一的成年人选择独居；类似于纽约这样的城市，独居的比例甚至会超过一半。我们暂且不讨论独居对于成年人的影响，对孩子来说，他们需要互动的社交行为来帮助他们完成心理、社交以及身体的发育。

儿童社交性的发展

对于孩子交朋友的行为，在心理学中称作社交性，即一个人在社会互动中与他人交往和寻求他人注意或赞赏的意愿。出生 1 个月左右的婴儿就会对其他婴儿表示出兴趣；大约 6 个月的时候，他们开始出现互动，比如，彼此发出声音、微笑、伸手。12 ～ 18 个月的幼儿开始会有更复杂的交流，18 个月以后，几乎所有的儿童可以跟同龄伙伴进行和谐的交往，这时儿童就已经形成了明显的社会性交往。

在孩子 4 ～ 5 岁时，他们会倾向于寻求同伴的注意或者认同，而不再以依附成年人为主。在 6 ～ 10 岁时，儿童的社交形式开始出现同伴群体的形式；到了青春期逐渐演变成为小帮派。几个类似的小帮派又会形成小团体，小帮派也会从同性变成混合性别，最终亲密的异性友谊关系和恋爱关系形成，小团体解散。

天生的社交专家

很多孩子是天生的社交专家，他们自信、外向、很容易和其他孩子交朋友，而还有一些孩子，他们安静、害羞，甚至有些社交恐惧。但是大多数孩子的个性是介于这两类孩子之间。

当孩子有了第一个朋友，他们很快就学会其他的社交技能，比如，如何解读他人面部的表情和肢体的语言，如何与他人合作。

当孩子逐渐长大，他们开始有了更多结识新朋友的可能。他们会因为兴趣和爱好而结识不同的朋友，会因为到了一个新的集体而开始一段新的友谊，会因为朋友而认识新的朋友，然后参加新的团体活动。友谊是生活的重要组成部分，但这并不意味着每个人都会自然而然地交朋友。这对一个社交专家型孩子来说，是轻而易举的事情，而对有的孩子来说，的确需要一些帮助。

需要帮助的孩子

害羞的孩子

据研究，有 11% ～ 15% 的孩子有过分害羞的倾向，这是孩子交友的巨大障碍。被新团体接纳的儿童，能有效地发起互动并且积极地应答团体内同伴的邀请，他们可以顺利地开始一段对话，并且善于倾听和理解同伴的回应。而过于紧张和害羞的孩子，他们很难进入互动的环境，紧张会让他们没有掌握好回复的时机，又或者他们不善于发起一个话题，他们常常是团体中被忽视的儿童，徘徊在群体边缘。

易起冲突的孩子

还有一些孩子，是团队中的捣乱分子。他们不懂得合作、分享、协商，缺乏共情能力，爱出风头，总是以自我为中心，他们有时候显得过分直接，甚至是有些急躁，他们总是想要打破团体的规则，结果却是被团体排除在外。

个性较强的孩子

个性强的孩子，他们是团体中有争议的那类人，喜欢他的孩子会与不喜欢他的孩子一样多。他们按照自己的方式做事，并不主动参与互动，他们会因为自己的个性吸引跟随者，但也会被不喜欢的人排除在外。

帮助需要适时而定，适可而止

没遇到对的人

这种情况也很普遍，特别是对于个性较强的孩子，可能家长没有给孩子提供一个适合他的环境。孩子之间的友谊也是基于共同目标或者共同利益的基础上，如果你的孩子在某些方面有极突出的特点，那么他很有可能是团体中特别的那个，会被其他孩子排斥在外。就像《生活大爆炸》里的谢尔顿，他可以和一群一样奇怪的博士生活在一起，但是他却跟他的妹妹无话可说。或许你的孩子也是这样的一类人。

内向并不等于孤独

在我们想要介入孩子的社交圈时，我们应该先判断下孩子的性格。如果是外向型孩子，他的精力主要来源于外部世界，他们渴望影响或者被外界影响，他们需要很多同伴的陪伴。社交活动、喧闹的场合、周转于形形色色的活动场地是他们需要的。而内向型孩子呢？他们的精力主要来源于内心世界，他们更喜欢安静，社交活动和交往会消耗他们的精力。80% 的内向个性的人认为相对于和其他人在一起，他们更享受独自一人的时光。而外向个性的人只有 29%。

如果我们的孩子刚好是内向型的孩子，那么不要对他常常一个人待在家里安静地看书、一个人在户外跑步，甚至一个人在房间里发呆的事感到奇怪，这是他们认为安全和舒适的方式，这也并不代表他们没有朋友，他们只是喜欢专注于一项活动，并且更喜欢在参与团体之前先观察下情况而已。

网络世界的影响

现在越来越多的孩子会通过互联网来达到自己的社交目的。互联网像呼吸一样存在我们的生活里，对于孩子也一样。他们在网上学习、玩游戏、使用社交软件、参加自己喜欢的兴趣组、分享自己的体会，他们把现实生活中的交友渠道完全地迁移到了网上，自然他们的朋友也在网上出现了。

朋友并不是越多越好

当一些孩子面临交友困难的问题时，还有一群孩子存在维系友谊艰难的现象。他们总是很容易地开始一段友谊，但是很快，他的玩伴又换成了另一个。相比较于频繁地更换朋友，能有一两个稳定的、能维持长久的友谊的朋友，更能给予孩子社交需求的支持。

【家长该怎么做】

相信孩子

如果不是孩子主动提出，作为家长还是尽量多给孩子一些时间，让他们慢慢地体验从家庭走向社会的这个过程。特别是 3 岁以前的孩子，社交并不是他们的主要任务，他们更喜欢留在成人身边，并寻求身体上的亲近。我们也不要过度地担心，我们要相信物以类聚，人以群分，相信孩子有这样的能力，吸引到跟他自己有共同兴趣爱好的朋友。

让孩子拥有自己的兴趣

兴趣是打开友谊大门最好的敲门砖，引导孩子培养一个感兴趣的项目：足球、棒球、游泳、读书、绘画、音乐等，兴趣会让害羞的孩子增加和同龄人接触的机会，会帮助他进入一个志同道合的圈子，增加他遇到合适的交友对象的概率，这都有益于孩子自己结交到朋友。

家长要靠后

在帮助孩子社交行为上，我主张家长退后一步，给孩子更大的空间。虽然我们可以为孩子组织聚会、要求孩子去参加活动、举办一些尴尬的聚会来强迫孩子急交朋友，但我认为，这些做法都让孩子处于被动的位置，有越俎代庖的意味。

靠后不代表不管，我们仍然要关注孩子的动向，比如，通过抓住去学校的机会，跟老师了解下孩子的交友情况，如果孩子周末或者假期总是待在家里，我们要了解下他是不是被同学排斥在外，还是他只是内向的一族，想自己一人待在家里而已。

接纳孩子的变数

对那些频繁更换朋友的孩子来说，我们也不要太担心，孩子本来就是不断成长变化的。当孩子从小学升到初中，当孩子有了新的兴趣爱好，当孩子离开了原来的兴趣班，他的交友圈都会随之发生变化。但是我们要逐渐地引导孩子，让孩子了解什么是真正的友谊，什么只是泛泛之交，鼓励孩子建立持久的友谊关系。

不要为了友谊而友谊

人是群居属性的，孩子本能地希望被接纳，和谐地与人相处。但是如果孩子为了成为团体中的一员，为了让别人喜欢自己，不断地满足别人的需求，过于妥协和压抑自己的个性，这反而不利于孩子的成长和发展。这样的孩子往往是敏感的，他们渴望被关心、被关注。如果恰好你的孩子是这样的，作为家长也该反思，自己是不是平时对孩子的要求过于严格，让孩子总是觉得自己不够好，总是在犯错，不断地被给予谅解，让孩子内心中充满自卑感，从而将家庭中的关系模式带入社交环境中，让他与同伴接触的时候也主动放弃自己的立场，小心翼翼地隐藏自己的需求。如果是这样，家长需要调整自己对待孩子的方式和方法，给孩子一些自由的空间，接纳孩子本来的样子。

第6节　Cosplay：孩子的爱好，妈妈不能体会

一年一度的杭州动漫节是动漫爱好者的欢乐盛典，每年场面都异常火爆，其中最引人注目的就是 Cosplay 赛事，除了本国赛区外，还有国际 7 个国家的分赛场，吸引了全国乃至全世界的 Cosplayer 参赛。

你一定在电视上、网页上，甚至街上、商场里见过这样的一群人，他们穿着五颜六色的衣服，甚至头发都是不同颜色的（也有没有头发的），行为举止也跟服装相配合，他们仿佛从动漫书里走出来，这种装扮的行为就是 Cosplay。

什么是 Cosplay？ Cosplay 这个词是 costume 和 play 的混合词，是指利用服装、视频、道具及化妆来扮演动漫作品、游戏，或者古代人物的角色，中文也可以翻译为服饰装扮，是源自美国、被日本动漫界发扬光大的一项活动，20 世纪 90 年代中期开始在我国出现，从最初的小众群体，到现在呈上升发展趋势，但是争议也从来没停止过。

【孩子爱 Cosplay 行为的心理解读】

“痴迷 Cosplay 的人一定有心理问题。”“包容吧，又没伤害、影响别人。”“劳民伤财，有这个精力不如好好读书。”“接

受不了，我不会跟这样的人做朋友。”“这是一种正常的兴趣爱好，跟弹琴、学书法没什么区别。”“Cosplay 已经形成一种文化，这是一种文化展示。”

对家长来说，担心的更多一些：孩子为什么喜欢花费这么多的精力扮演一个虚拟人物？不光是穿着上，连行为举止甚至思考方式都延续漫画里的样子。这些看起来很轻浮的装扮的后面到底是一群什么样的孩子？会不会带坏了我的孩子？我该支持孩子的这个喜好吗？

Cosplay——文化的展示

其实还有很多跟 Cosplay 类似的行为，比如化装舞会、万圣节的装扮等，都是从书籍、电影、漫画、游戏、电视节目里选择自己喜欢的角色，进行装扮。这种装扮行为，还具有地方特色，是一种地方文化的展示。不同于日本的动漫，在北美，更多的人会选择来自北美漫画、科幻小说的人物进行装扮，而在中国，会有来自中国神话故事、古风特色的形象等。

为什么风靡全球

最简单的回答就是——因为喜欢、有趣

装扮成自己喜欢的人可没那么容易，这需要极大的耐心和智慧。一般喜欢玩 Cosplay 的是青少年——囊中羞涩一族，而无论是经济繁荣的日本、资源丰富的北美，或者是中国这一套从头到脚、从内而外的装扮并不便宜。对中国来说，服装的易得性远不及日本，孩子们还要花费大量的心思去寻找，甚至自己缝制，有的时候还需要一些想象力。这个动手装扮的过程，让他们乐在其中，当他们看到镜子里装扮好的自己的那一刻,认为一切都是值得的。

获得自己或者他人的认可

孩子们从书籍、电脑、电视等渠道摄取了大量的人物形象，这些人物已经构成了他们生活的一部分：有的是行侠仗义的英雄，有的是花季美少女，有的是行为举止怪异的科学家。他们在装扮的过程中，感觉到自己成为自己喜欢的人，他们模仿喜欢的人物的行为举止，他们学喜欢的人物那样说话、思考，他们觉得自己具有喜欢的人那样的人格魅力，这增加了正处于青少年时期孩子的自信。“这感觉棒极了！”一个把自己装扮成哪吒的网友在网上写道。

是找到志同道合朋友的渠道

无论是为一场化装舞会装扮，还是参加一次专业的 Cosplay 的竞技比赛，这都让喜欢装扮的年轻人聚集在了一起。他们互相探讨着设计灵感、用料选材，交换自己喜欢的人物性格特点、精彩感人的故事，互相拍照合影留念、交换社交软件的联络方式，分享自己的装扮心得甚至是遇到的挫折和困难。

最让人意外的是，有很多角色扮演的人都是性格内向的人，这无疑是这类孩子们交友的最好渠道之一，让他们走出性格内向的交友困境，从网络和虚幻的动漫世界走到现实中来，让他们找到自己的圈子。内向的人可以通过角色扮演来展示自己，另外，也可以帮助自己认识到自己的另一面。

送给别人快乐，也带给自己快乐

很多时候我们会在公共场合看到装扮的人群，他们根据场合的不同扮演不同的角色。比较极端的例子就是迪士尼乐园里，他们装扮成孩子们喜欢的卡通人物，跟孩子们合影，甚至有的小孩子真的以为这就是他的童话世界里的那个英雄人物，他们竟然见面了。这无疑带给孩子们快乐，而快乐是会传递的。

在互换角色时，为自己充电

任何一种角色扮演的行为都是一种换位思考，一次共情的经历。“恰当的角色扮演可以帮人从痛苦中走出来。”心理学家罗森博格说。例如，让一个有心理应激创伤的人扮演蝙蝠侠，一样经历了毁灭性的创伤后浴火重生的人物，为他的生命充入能量，鼓舞他重新站起来。

每一次扮演都是对一个人物深刻的理解后的原型再现，都需要扮演者不断地去体会人物的性格特点、理解他的内心成长历程，这个过程就是一个对自己内心修复的过程。

生活充满了角色扮演

儿童在婴儿期就会出现类似于角色扮演的行为，我们称作假装游戏，是学龄前儿童的一种重要游戏类型，对儿童的认知、情绪、情感以及社会性的发展都有积极的影响。心理学家格罗斯认为，儿童的角色扮演是一种本能的需求，是对生来不完善本能的练习。我们熟知的“过家家”就是一种。

儿童们有的时候是自己，有的时候是几个人在一起，扮演他们从成人那学到的内容，模仿成人做事。比如，在厨房做菜，给宝宝换尿不湿，到医院打针，到零售店买东西。有的时候也与真实生活不相关，是孩子听到的加之自己想象的内容的演绎。

其实成年人每天也都在扮演不同的角色。一个班级的主管教师，孩子的妈妈，丈夫的妻子，妈妈的女儿，我们在不同角色中切换，满足不同角色的需要。

在心理学上，还有一种行为疗法叫角色扮演，是让来访者跟咨询师就与来访者相关的一件事进行角色扮演，目的是通过重演当时的情景，让来访者了解他人的处境，对自己的想法产生新的认知，从而对自己的行为进行调整。

所以，并不是只有那些玩 Cosplay 的人在从事角色扮演，角色扮演每天都在进行中。

【家长该怎么做】

作为父母，我们应该给予孩子怎样的支持呢？

支持孩子的爱好

这是最简单也是最直接的做法，就是支持孩子的选择，支持孩子的爱好。投入做一件事情，并且做得有声有色，这是非常难得的。

这并不是一件简单的事情，孩子们从千千万万的角色中，选择了自己欣赏的、喜欢的，这本身就是一种自我认知的能力。他们又用自己的方法把他喜欢的人物通过模仿传递出去，这是一种模仿学习的过程，帮助孩子提高共情能力，这也是人与人建立交往的重要能力。孩子为了达到最好的装扮效果，需要对装扮方案一而再再而三地优化，这无疑是一个真实的实践项目，孩子从中学习如何做预算、采购、装扮，用最经济的方式取得最好的效果。

帮助孩子远离危险

如果我们粗暴地干涉孩子交友，那是最愚蠢的做法。或许跟孩子一起玩，是一个好的方法。鼓励孩子参加正规的活动、比赛，这样为孩子划定了一个较安全的区域。跟孩子一起参加家庭友好的活动（鼓励家长一同参加的活动），这样可以跟孩子有更好的互动，更多地了解孩子。尽可能地陪孩子一同参加活动，当他们的助理——拿衣服、在有粉丝的时候为他们拍照，在孩子没提出需求的时候，我们要尽量地靠后，给孩子更大的空间，让他们尽情地与伙伴交往。

接纳孩子的不一样

或者我们内心期待孩子的装扮是迪士尼乐园里的白雪公主，可是她偏偏选择了扮演惊奇队长。或许我们应该想想，惊奇队长的哪个方面打动了孩子，让孩子选择了走进她的内心世界。

第四章

人格篇——接纳孩子是给予他们最好的爱

第 1 节　黏人：亲密依恋关系的副产品

总是有妈妈问起：我家孩子从出生就没离开过我，一天 24 小时在我身边，醒着的时候我陪他玩、陪他吃饭、给他洗澡，睡觉的时候还要陪睡，现在就连我上厕所的时候都跟着我，一旦我离开他的视线，他就到处找我。我一点自己的空间都没有。现在更严重了，一旦我要是做点自己的事，回来之后他就会变得更黏我！这样的日子什么时候到头！！

很多家长会抱怨孩子黏人，小的时候也就忍了，上幼儿园之后，别的孩子已经到处找小朋友玩了，可是家里的这个小黏人精无论去哪都要拽着妈妈的胳膊，要妈妈陪着；有的孩子即便是上学了，回家也要家长在家陪伴，不准爸爸妈妈单独出门不带他。

【孩子爱黏人行为的心理解读】

“黏人”是指孩子与父母分开时，表现出来的很强的情感上和行动上的需求。孩子黏人一般常见于幼年，有的会持续到孩子上小学。

婴儿一般会用哭来表达自己对父母离开的不满，大一点的孩子可能会追父母，要抱，有的比较严重的时候会崩溃。

我们俗话所说的“黏人”的行为，对孩子来说是非常常见的行为，也是非常正常的现象。父母带着觉知来看待孩子的这个行为，充分接纳孩子的感受，就会很好地帮助孩子度过这段时期。

依恋与分离焦虑

当孩子与父母建立起依恋关系时，他的分离焦虑也就随之而来了。

刚出生的宝宝在 4 ～ 9 周的时候，会开始注意妈妈的面孔。3 个月大的孩子，如果母亲对他笑他通常就会用笑容回报，并且期待从母亲那得到有意义的回应。施卡福和埃莫森将孩子与照料者形成的依恋关系分成 4 个阶段。

非社会性阶段（0 ～ 6 周），这个时期的婴儿对社会或者非社会信息都会发出偏好反应，很少会有抗拒行为。这个时期的宝宝总会莫名地发笑，我们也称为非社会性微笑。

未分化的依恋阶段（6 周到六七个月），这个时期的婴儿对人表现出更多的偏好，对任何人的关注都感到快乐。这个阶段的宝宝并不认生，对任何人都非常感兴趣，会很积极地跟陌生人交流。

分化的依恋阶段（7 ～ 9 个月），这个时期的婴儿开始对与某个特定的个体分离表现出抗拒行为。这个时候宝宝已经会爬行了，他会时常跟随着妈妈，抱住妈妈的腿，把手伸向妈妈，在妈妈回来的时候，他会开心地拍手。他们开始对陌生人有些警觉了。

多重依恋阶段（9 ～ 18 个月），这个时期的婴儿会对父母、祖父母、兄弟姐妹都开始产生依恋。

分离焦虑就在分化依恋形成的过程中（6～8个月）开始出现，在14～18个月到达顶峰，然后其频率和强度在婴儿期和儿童期都会逐渐下降。

分离焦虑是儿童情感正常发展的一部分，即便是上学后的孩子，他们在低落或者焦虑时，或者在得知要与父母长时间分开的时候，都仍然会产生分离焦虑。这种焦虑，会让孩子表现出我们平常所说的“黏人”的行为。

自我意识的形成

随着儿童的成长，他们的自我意识逐渐成熟，会有很强烈的意愿去表达自己、控制外部环境、决定自己的行为。有的时候，孩子会表现出黏人的行为，并不一定是害怕父母的离开，他们只是想表达自己的意愿：非常想让家长陪他在一起！这种独立意识导致的黏人的情况一般出现在孩子新发展出独立的行为时，例如，孩子开始走路，孩子要离开家庭环境，进入社会环境——幼儿园，或者社会环境变更——升入小学。

需要安全的支持

当孩子逐渐长大，在他的自我意识越来越强时，他会越来越愿意探索、越来越想走出自己的安全范围、挑战自己的能力。当他已经与父母建立了稳定的依恋关系后，他会把父母当作是自己的避风港，一旦他在外面探索的时候遇到了他能力之外的麻烦，让他感觉到恐惧时，他会马上寻求避风港——父母的怀抱。他在表明：我现在需要支持！需要你！而这些情况并非是父母概念里的可怕状况，甚至有的事情在我们看来不值得一提，比如，刚买的一个玩具、一个陌生人的出现、一个新的游戏、一次旅行，甚至是一种新的食物，这对孩子来说都是一次挑战，都是一个个未知引起了他的黏人行为。

有的时候这些挑战小到我们甚至很难辨认出，比如，孩子在出门的时候系不好鞋带，当我们觉得他“磨蹭”时，他可能正在为穿上鞋之后，要去幼儿园，要跟妈妈分开而焦虑，他正在用“磨蹭”的这段时间黏住妈妈。

高需求宝宝

有一种宝宝叫“高需求宝宝”。常关注亲子教育的家长不难发现，有一个很流行的一个概念叫“高需求宝宝”。早到婴儿期的作息不规律、爱哭，到大一点的不爱吃饭、脾气大，等等。这些孩子的行为被妈妈们统统贴上了“高需求宝宝”的标签。

1956 年，有心理学家根据对 141 个孩子的追踪（从出生到上小学），得出了大多数婴儿可以归入三种气质类型的结论，即困难型（difficult baby）、容易型（easy baby）和慢热型（slow to warm up baby）。其中困难型宝宝的特点：身体机能不规则、反应激烈，面对新的刺激时倾向于退缩，对环境适应速度较慢、情绪通常比较低落。对于这样的孩子的成长，他们的父母需要高度的一致性和宽容性。这样的孩子占人群中的 10%。

困难型宝宝就是我们现在所说的高需求宝宝的概念。我并不赞成给孩子贴标签的行为，我们不能把所有黏人的宝宝都归类为高需求宝宝，但是的确有一部分孩子，他们相对于大多数孩子适应新事物、新环境相对较慢一些。我们如果刚好遇到这样气质类型的宝宝，那么很有可能要多花些精力在这样的孩子身上，因为他们更需要父母的鼓励和持之以恒的关注，而且幸运的是，这并不是不能改变的，这个我们会在后面讲解。

身陷顽固的焦虑情绪

如果孩子已经上了小学（8 岁以后），当他感到焦虑时，那些原本已经逐渐消失的黏人行为会重现。有的时候体现在不能够跟父母分开；有的时候体现在自己入睡困难；有的时候出现极度的安全需求。什么情况下，孩子会感到焦虑呢？比如，在学校遇到暴力、同学关系出问题、逃避学习，等等。

【家长该怎么做】

满足他们的需求

解决孩子黏人的最好的办法就是让他们黏着。也许这样的答案并不能让家长们满意，或许家长们已经被黏得焦头烂额。但是如果重新审视一下陪伴孩子的过程，我们需要意识到孩子出现这种行为的时候，是他正常成长的一个需求，是他需要你跟他在一起，需要你的支持和鼓励。孩子出现这样的行为，并不是无理取闹，也不是不该出现的错误行为，且不会持续地恶化下去（在家长付出及时的回应后），那么我们的心情会不会好一些？会不会更坚定地拥抱孩子，更笃定地给予孩子他们所需要的安全？我想一定是的。

建立安全型依恋模式

让孩子知道你一直是他的依靠，建立安全型依恋模式。不要否定他们，当他们需要的时候，及时给予他们拥抱；在他们想去探索的时候，默默地在后面支持他们，并随时准备张开双臂；在离开的时候跟他们说再见，并告诉他们回来的时间；不吝惜的赞扬、及时的鼓励，在他们面对一个新的挑战、去一个新的环境、开始一个新的活动的时候。

可以被转变的高需求宝宝

如果你面对的是一个高需求宝宝，并不代表他会总是如此，并不意味着他将一直这样到成年。在他们烦躁不安的时候，我们要始终对他们保持平和的心态，温柔地接纳孩子；在他们任性固执的时候，我们要理解他们；帮助他们去开始一个尝试，让他们逐渐地敢于尝试；帮他们学会管理自己的时间，并给予适当的约束；帮助他们寻找社交的机会，鼓励他们建立伙伴关系；很多事实表明，这些孩子会改变，在童年晚期或者青春期的时候，将不再属于困难型宝宝，不会出现类似的行为。

寻求专业的帮助

如果孩子身陷焦虑之中，那么他正处于痛苦和逃避中。这个时候，除了关爱孩子，还要寻求医生的帮助，因为这个时候孩子需要专业的帮助。在孩子遇到棘手的问题时，很有可能会深陷恐惧和焦虑，并不断地质疑自己的能力和勇气，他们会退回到自己感觉安全的地方，比如家里、父母身边。如果这个时候，家长错误地让孩子逃避下去，比如，因为他表现得黏人而不让他出去参加活动，让他整天藏在家里，这会让孩子出现社交能力倒退，并将持续处于焦虑中，甚至出现抑郁的危险。所以寻求专业的帮助会更好、更快地帮助孩子从焦虑中走出来。

第2节 发脾气：一种表达需求的方式

“我家宝宝生气的时候喜欢乱扔东西。”

“我们家孩子越有生人越能作，动不动一屁股坐地上不起来，就差满地打滚了。”

“小蕾今天把所有的饭都扣在地上了。我当场就打了她，现在特别后悔。”

生气是一种情绪的表达，我们每个人都经历过。回忆下自己上一次暴跳如雷的原因和情景，当时是一种什么感受？

【孩子发脾气行为的心理解读】

没有人喜欢生气，孩子也是一样。孩子们时常发脾气，甚至崩溃，有的时候是因为他们遇到了困难，有的时候是他们被要求做不想做的事情，有的时候是他们受到了抨击和指责，有的时候是他们的需求没有被满足……

愤怒是情绪的一种

愤怒是情绪表达的一种形式。有半数的妈妈认为愤怒和快乐、好奇、惊讶、恐惧一样，在 1 个月大的婴儿的脸上就会表现出来。研究结果表示，在婴儿生命的头 2 年，各式各样的情绪会陆续地出现，愤怒也会随之出现。

在耶鲁大学的一个研究里，有心理学家指出，对于不满 4 岁的孩子，每周发 9 次脾气，每次持续 5 ～ 10 分钟，其行为表现为哭、踢、踩、敲、推挤等，这并不是罕见的。7 个月左右的时候，孩子就会用涨红了的小脸和吼叫声来表达自己的愤怒。2 岁是孩子愤怒情绪出现的一个小高峰，4 岁以后随着孩子社会化会有所好转，青春期的时候又会出现一个新的高峰。

可怕的 2 岁

一直以来，有一种说法叫“可怕的 2 岁”，用来指代 2 岁左右的孩子因为情绪和行为的快速变化，让家长感觉很难与孩子相处的一个时间段。为什么会这样呢?

2 岁的孩子情感是原生态的。对他们来说，开心就是大叫、大笑，伤心、孤独就是大哭，生气发怒就是喊叫。表达喜欢的时候，他们会手舞足蹈，张开双臂用力地拥抱着你；表达伤心、孤独的时候，他们的脸因疼痛而扭曲，眼泪簌簌地落下，拼命地寻找你的陪伴；当他们生气或者恼怒的时候，会像一头野兽一样疯狂，喊叫着，甚至踢、咬。他们就是这样，直接地表达他们的情感，没有束缚地、没有羞耻心地、没有控制地直接传递出来这些带有能量的情绪。他们处于前道德期，并没有被道德约束自己的情感。

这个时期的孩子需要家长的帮助，让他意识到自己的情绪，认识它们，并学会管理自己的情绪。每一次发怒都是一次成长，对孩子来说，没有什么比直面自己的怒火更好的学习管理情绪的方式了。

孩子会发出清晰的情绪信号来传达他的情绪，但是他并不知道那是什么，这个时候，我们就要接受他的情绪，并为他翻译和定义他的情绪，帮助他认识它们。我们不要否定他的感受，例如，你不该生气，这没什么好生气的。这会错过让孩子看见自己情绪的机会。

成人的压制让孩子变得爱发脾气

“我这是怕他自己弄水果受伤。”

“他不穿裤子会冻感冒的。”

“他怎么还不睡觉，再不睡觉我精心给他调控的时间又乱套了！”

孩子随着身体的长大，活动能力越来越强，他们的眼睛看东西更清楚了，能够看到更远的地方；他们的四肢更有力量了，双腿可以站立，双手可以支撑起身体；他们的手更灵活了，可以开始尝试细小的动作了。而当他们越来越多的自主性行为出现的时候，他触碰到家长们的神经的次数就越来越多。家长们迫不及待地想代替孩子系鞋带、切水果、穿衣服，让他们早点睡觉。无论孩子们表现出多么强的意愿想自己去完成，无论孩子们是有多专注地在抠着他们认为有趣的小洞，无论孩子们是多么有热情地在尝试端盘子，家长们却更想让孩子快点把这一切结束，按着家长们的节奏快速地完成，以便进行下一项。

这些都是压制，这些压制无疑会给孩子带来怒火，而家长却不自知。孩子被冠上“任性、好动、调皮、不可理喻”的标签，殊不知是家长一手造成的。

每一次发脾气都是内心冲突的表现

孩子每一个不同寻常的反应都为我们提供了一个需要解决的问题，每一次孩子发脾气都是某些深层心理冲突的外在表现。

——玛瑞亚·蒙特梭利

我们太多的情况是在帮助孩子找借口而不是帮孩子去解决引发他行为本身的心理冲突。当孩子愤怒升级的时候，我们可能会通过屈服甚至是试图取悦孩子来让他平静下来，这都是一种找借口式的逃避行为。

孩子在商场里大吵大闹地要买玩具的情景是最常见不过的。“家里什么都有，孩子每次逛商场还是要买玩具。”“小孩子就是喜新厌旧。”“太没规矩了，家长没教育好。”当孩子提出“要求”的时候，家长总是在用成人的思维方式思考孩子的行为举止。“喜新厌旧、家里都有、规矩”这都是成人世界的词语，对孩子来说，他只是“当下、此刻需要它”，他需要家长来满足他内心的需求，但是他并不会表达，他只会用“要”和“闹”的这个行为来表达：自己在成人的环境里待了太久了，他太闷了，他想让父母把注意力从商场琳琅满目的商品上，转移到他的身上。可是当孩子出现这种与成人想法相反的行为的时候，成人的第一反应是纠正、拒绝他的行为。

青春期的再失控

研究发现，比起青少年父母报告的情况，青少年有更多的极端情绪和转瞬即逝的情绪。情绪化是青春期的正常情况，这与激变的激素水平变化可能有着密切的关系。

青春期的外部环境也不断地激发孩子们的情绪，升学的压力、恋爱关系与性，都可以轻易拨动青少年情绪的心弦。虽然他们逐渐成熟的自控力和认知能力可以帮助他们调控压力和缓解情绪波动，但是也有很多孩子不太擅长调控自己的情绪，造成了愤怒，甚至是抑郁。

一些特殊情况的愤怒

的确存在一些更容易愤怒的孩子。为什么有些孩子更容易生气？心理学家罗斯·格林指出：孩子情绪爆发是因为他们没有疏导情绪的技能，就像一个孩子在阅读上遇到困难一样。因为孩子的差异性，有的孩子缺少灵活适应性、忍受挫折感或者解决问题的能力。

气质类型不同

就如上一节我们提出的“困难型儿童”“容易型儿童”和“慢热型儿童”一样，相比较于容易型儿童，困难型儿童就会更容易发怒。他们在人群中占比约为10%，他们的适应性相对而言较差，他们对变化无常的世界会有过度的反应，所以要比大多数孩子更容易被激怒和出现攻击行为。

严重的情绪失调

还有一些孩子，比如被诊断为“多动症”的儿童、“自闭症”儿童，他们因为一些不明原因的疾病导致他们无法控制自己的情绪，无法表达自己的情绪，无法排解自己的情绪，经常出现攻击性、破坏性的行为、歇斯底里的喊叫，对他人和自己造成了伤害，在学校里造成了严重的麻烦……这些孩子的情况很特殊，需要专业医生进行诊断和治疗、指导。

【家长该怎么做】

愤怒情绪与快乐情绪一样，都是源自内心深处的一种表达，是内心能量的流动。所以我们要疏而不是堵。帮助孩子意识到情绪的发生，让他们学会处理情绪的方法，这样下去孩子就会安静下来，重新快乐起来。

对于幼龄儿童

幼龄是最好的学习情绪管理的时机，这里可以给父母一些建议。

排除身体不适

遇到孩子发脾气的时候，先检查孩子有没有身体不舒适的情况，特别是婴幼儿期间，他们的语言有限，很难描述自己的身体哪里不舒服，这个时候，会以另一种形式——闹情绪表现出来，所以父母先要排除孩子身体不适。

认同感帮助孩子平静下来

对成人来说，一句“我懂”有时候胜过千言万语，孩子也是一样。他也希望获得父母的认同、父母的理解。有时候一句“我能体会到你现在有多生气”或者哪怕一个“嗯”都会让孩子平静下来。

身体语言先行

在人发怒的时候，语言要么是伤人的利器，要么显得苍白无力。一个拥抱或者亲密地坐在孩子旁边，以及抱起孩子，都可以让孩子在心理上放下防备。

给彼此一点时间

如果孩子生气，家长跟着一起生气，不就成了跟孩子较劲了吗？聪明的家长应该少安毋躁，保持冷静，切勿急于下结论，听听孩子的想法，尝试探讨有没有更好的办法，或者就把事情放在那，让剑拔弩张的气氛淡下来，再尝试解决。

帮助孩子认识情绪

虽然对于幼龄孩子，他的理解能力有限，很难理解他的情绪，但我们更不能忽略情绪的存在，要帮助他们把情绪识别出来。一起看电影、读绘本都是很好的途径。

对于青少年

青少年本身就是矛盾的结合体，他们处于蜕变中，不断地与过去的自己割裂并迫切地想形成新的自己，但是新的自己是谁、什么样，他们还并不清楚。他们就在这种未知中，不断地摸索前行。

他们是充满压力的，所以压力一触即发。愤怒之后，他们又会感觉内疚。他们不断地经历这个情绪周期，在循环往复中提升自己的情绪管理能力。这里也有给青春期家长的建议。

尊重青春期的孩子，给足面子。话要反着听、正着说：孩子说的气话，要反过来理解；跟孩子沟通，要放弃指责，将反问句、疑问句都变成正向的陈述句，避免出现责备语气。给孩子发泄的时间，少说，多倾听孩子的内心世界。

第 3 节　怕打针：孩子不是胆小鬼

很多小朋友都会有害怕医生、拒绝去医院、看病的时候，会对陌生的医生，或者是医生作出的一些他们不喜欢的检查动作有直接的恐惧、哭闹反应，特别是打针的时候，他们会哭哭啼啼，紧紧抱住父母。甚至只有几个月大的婴儿，也会对打针留有记忆。有的婴儿在第一次打针后，再去同一个诊所，一进门他就会开始哭闹。孩子的这些抵触行为，让这些“病在儿身，疼在母心”的家长们更加焦虑和烦躁不安。

标签型家长。陪伴在孩子身边，半开玩笑半认真地说：“这么壮实的小伙子，胆子这么小呢！打个针都害怕！”——家长无形中的玩笑，给孩子贴上了“胆小”的标签，让孩子觉得自己做错了事情，不够优秀。

理智型家长。陪伴在孩子身边，不停安慰孩子：“不要怕，宝宝不要怕，勇敢点。”——家长无意之中，站在了孩子的“对立面”，身体虽然陪伴在孩子身边，心却成了一个旁观者。

学习型家长。打针之前，指着前面的小朋友说：“宝宝你看，他多勇敢，打针都没有哭，你也要像他那样勇敢哦。”——家长无形之中增加了孩子的心理压力。

哄骗型家长。打针之前，家长对孩子说：“打完针妈妈就给你买好吃的，打针一点都不疼，一下子就结束了！——孩子最终的体验与家长说的完全不同，降低了亲密关系。

孩子们的这些抵触行为，并不代表孩子性格怯懦，家长们此时也切记，不要给孩子贴上“胆小”的标签，更不要采用吓唬、恐吓、欺骗孩子的行为。如果父母和相关医务人员做好准备工作，孩子的这些行为是完全可以减轻和避免的。如果家长没有能够很好地帮助孩子处理好他的“焦虑”“恐惧”情绪，这种“害怕”的感觉，就会在孩子们幼小的内心中生根发芽。

【孩子害怕打针行为的心理解读】

对于陌生人的焦虑反应

孩子在医院出现的哭闹行为，很大一部分原因是对陌生人的焦虑反应。陌生人焦虑（Stranger anxiety）是一个常见的心理现象，是指婴幼儿在陌生人接近时表现出的恐惧和戒备反应，是一种消极情绪，与对待熟悉的照料者的微笑、喃喃细语等积极反馈形成鲜明对比，是伴随依恋关系出现的，即当婴幼儿与照料者建立起亲密关系的同时，焦虑这种消极的情绪也随之产生。

根据习性学家鲍尔比的理论：恐惧和回避是人类进化过程中的一个生物程序化的自然反应，一旦婴儿有能力区分熟悉与不熟悉，那么婴儿就会本能地对陌生面孔陌生环境产生恐惧。所以孩子到了陌生的环境（医院），见到陌生的人（医生），甚至是陌生的装束（白大褂、口罩、听诊器），产生焦虑、恐惧、逃避情绪是非常正常的、本能的生理反应。

从认知发展理论角度看，认知心理学认为孩子对于陌生人的焦虑是婴儿知觉和认知发展的产物。杰罗姆·凯根认为婴儿从 6 个月起就会对照顾他的人形成稳定的记忆，对于陌生的脸和陪同者的缺失会产生不安和焦虑，甚至出现抗拒行为。因此，有的医院的诊疗环节拒绝家长陪同，或者有时候家长忙，无法陪同孩子去医院，都会给孩子造成巨大的心理焦虑，让孩子感到害怕、不安。

不好的打针体验形成了经典的条件反射

著名的行为心理学提出“经典条件反射”实验也可以用来解释有些孩子一进到医院就开始哭，或者一看到针头，甚至看到类似的穿白大褂、戴口罩的护士就会有害怕、哭闹的行为。

“经典条件反射”实验是指一个刺激和另一个带有奖赏或惩罚的无条件刺激多次联结，可使个体学会在单独呈现该刺激时，也能引发类似无条件反应的条件反应。打针就可以看作是一个刺激行为，疼痛、哭、恐惧就是“打针”这个行为引发的无条件反应。由于孩子多次将“打针”这个行为与他的疼痛和不好的打针经历形成了多次联结，形成了经典的条件反射，导致孩子再次接触到刺激（打针）就直接引发了无条件反应（疼痛、哭、恐惧）。

陪同父母的情绪对孩子产生影响

加拿大约克大学做过一个关于儿童害怕打针的原因的调查研

究。他们对 3 ～ 12 岁的儿童在医院就诊时的行为和反应进行了观察。他们发现，孩子在打针前后会特别注意父母的行为。因此，如果父母带有焦虑，儿童会敏感地感知到父母的情绪，会引发孩子的焦虑。

【家长该怎么做】

克服焦虑

家长首先要停止焦虑，要在内心里平静地看待孩子生病的现状，不要制造焦虑的氛围给孩子，要调整自己的情绪，这样才可以更好地安抚孩子，营造一个较为轻松的看病氛围。

提前预知

很多家长觉得孩子很小，跟他说为什么要打针他也听不懂，但是实际上，如果在打针前，与孩子进行良好的沟通，告知孩子为什么要打针，打针有什么好处，真诚地告知孩子打针会有一些疼痛，可以有效地降低孩子对未知事情的恐惧和焦虑。

家长可以采用孩子能理解的语言，解释给孩子听。例如，打针就是把小超人输入你的体内，他就可以在你身体里帮助你打败病毒，让孩子能够理解。

身体陪同

陪伴永远是抚慰孩子的一剂良药。心理学家指出：6～12岁的孩子，只要在母亲的怀里，对于陌生人的接近就不会十分畏戒；但是，就算母亲离他们只有几十厘米，陌生人的接近都会让他们哭闹起来。熟悉的人陪伴在身边，即便没有语言上的交流，也会在行为上给予孩子积极的能量。所以，家长们在孩子生病的时候，特别是去医院的时候，再忙也要尽量抽出时间陪伴。而作为医务工作者，面对低龄儿童、青少年，在不影响治疗的前提下，应尽量让孩子的亲属陪伴，这样小患者们才会更加积极地配合治疗。

心灵陪伴

一句“不要怕，勇敢点”，直接流露出家长内心的活动——在以旁观者视角评判孩子的行为，站在了孩子的对立面上。这样的心理活动，转化成语言表达，既不能与孩子在情绪上达成共识，引起孩子的共鸣，又会让孩子觉得自己不够勇敢，增加孩子的心灵挫败感，让本来就承受身体不适的孩子，在内心层面更加孤立无助。

家长只有通过换位思考，真正设身处地地把自己放到孩子的位置上，多去尝试并回忆自己小时候在同样情况下的内心感受，才能够在心理上有所转变，从而在语言的表达上能够真正地转化成有力量、有温度的话语，向孩子传递正向的能量，给予孩子勇气。

当然，简单的办法：家长可以在语言表达上转变，尝试将“不要怕”变成“妈妈知道你很害怕”，将“勇敢点”变成“妈妈知道打针真的会很疼”，让孩子感觉到家长能够体会到自己正在承受的痛苦，感觉家长的感受与自己同步，这样，孩子会放下心理上的包袱，与家长心贴在一起，有助于亲密关系的拉近。但是任何话术上的转变都是“标”，家长们只有真正从心理上转变，心灵上与孩子站在一起，才是解决问题的“本”。

打造熟悉的环境

在熟悉的环境下，对陌生人发生焦虑的概率远小于陌生的环境。例如，10 个月的婴儿在家里很少对陌生人感到焦虑。因此这里给医疗工作者，特别是长期面对孩子的医疗工作者一个建议，可以适当地增加诊疗室的童趣，增加一些孩子熟悉的卡通人物图画，适当改变诊疗室墙壁颜色，在等候室布置一些孩子喜欢的玩具，脱掉让孩子看上去就会产生距离感的白大褂。这些都有助于减少孩子对环境的陌生感，降低孩子的焦虑。

及时正向的鼓励

当孩子最终完成打针这一项艰巨的挑战之后，无论孩子在过程中表现如何，即便是在过程中孩子会有抵触、害怕、哭泣、恐惧，家长都应该在事情结束时，“及时地”给予“正向的”鼓励，因为，最终孩子还是完成了这个挑战，战胜了自己的恐惧。

第4节　拖延：内心逃避的一种表现

“小宇，你能不能快点，你的校车马上要到了！”

“你怎么还在吃饭！这都几点了！？”

“还不睡觉！妈妈说了几次了！快点睡觉！”

“快点！”

我想如果要是可以把妈妈跟孩子说的词计数，“快点”这个词一定是出现频率最高的5个词之一。

“每个人都会有拖延的行为（Procrastination），但并非所有的人都是拖延症。”有心理学家提出。“对于20%的人来说，拖延是一个长期的问题，这些人的生活方式适应不良，是长期或者习惯性拖延的人。他们不按时交账单、冰箱是空的、失去工作，因为他们没有按时完成工作。”

对孩子来说，拖延的行为往往会带来负面的影响，比如无法按要求交作业，导致最终成绩不合格；没有按时起床，导致无法参加课外活动；长期的拖延行为，让父母的监督行为增多；没有按时完成项目，导致无法如期毕业；迟到、赖床、各种行动缓慢、写不完作业……孩子的这些行为是拖延行为吗？孩子为什么这么喜欢拖延？

【孩子拖延行为的心理解读】

“慢”并不代表拖延

小蕊在尝试着系鞋带，虽然她很认真、很努力地在系，但是鞋带还是像一个调皮的蚯蚓，在鞋面上拱来拱去，就是合不到一起。小蕊被这个神奇的东西吸引着，她一次次地尝试，一次次地失败，却乐此不疲，直到妈妈打断了她。“天呐你怎么还在玩！”妈妈一把系上了她的鞋带。

孩子们，特别是 1 ～ 2 岁期间的儿童，他们在父母面前，总是显得笨手笨脚的，总是在挑战成人认为超越他能力的事情。比如，系鞋带、扎头发、穿衣服、洗碗、打扫卫生。孩子总是充满了愿望想模仿成人的举动，他非常认真，但是非常缓慢，而且经常失败。当他兴致勃勃地尝试时，却经常被成人打断这个模仿学习的过程。家长做事充满了成人的原则——一切要用最快的行动，花费最少的时间完成。这让家长总是在打断孩子的学习过程，一边觉得孩子在拖延、慢、做事毫无效率，一边又觉得孩子什么都做不对、什么都不会做。于是给孩子戴上“磨蹭”“拖延症”“懒”的标签。殊不知正是自己一次次地打断剥夺了孩子宝贵的学习过程，打断了孩子们原有的、自然的、缓慢的、从容的、逐渐走向独立的过程。

用拖延行为

研究人员发现，拖延症并不存在于基因上。也就是说，这是一种习得性行为，家庭环境和学校教育对拖延行为会有重要的影响。

心理动力学家认为，早期童年的经历对个体的个性形成与发展有很大的影响，拖延尤其与早期经历（特别是挫折经历）有关，所以父母的教养方式对孩子的拖延行为有直接的影响。有心理学家对拖延症有近 20 年的研究，他认为，长期有拖延行为的孩子，一般都有一对冷酷且严厉的父母。父母对孩子提出的要求，超过孩子的能力，孩子没有办法达到，只能采用拖延这种行为来表达内心的抵抗。

拖延行为来自父母的强化

行为分析家认为，任何持续发生的行为都是由强化所致。拖延行为也是如此，我们对拖延这个行为的过分关注，反而是对拖延行为的另一种强化。比如，我们总是在催促孩子，事实上是在反复地强化孩子：你太拖沓了。孩子就会吸收这样的强化，不断地加强行为。更有意思的是，根据行为心理学家的研究，认为孩子总是通过鼓励和强化那些不同于不受欢迎行为的行为，许多不受欢迎的行为能被完全抑制。比如，对于孩子反复写不完作业的拖延行为，家长是采用写不完不准睡觉的惩罚模式，还是采用当孩子某一次早于平常时间完成了作业时去表扬他的鼓励模式？很显然，行为学家认为，鼓励孩子早于计划时间完成作业，相对于一味地惩罚孩子没完成作业的不良表现来说，鼓励更是一种长期有效的策略。

孩子缺少完成的能力

如果想按时完成一个任务，需要有清晰的时间观念，明确的工作内容，自律的工作态度，足够吸引人的目标让我们在懈怠的时间点有动力继续下去。以上这些关键点需要具备的能力，如时间管理能力、完成某项任务关键需要的技能、自律能力、自信、坚持的精神，都是需要孩子在日常生活中不断地寻找榜样目标、不断地练习、不断地被鼓励才能习得的。所以，不要给孩子贴上“懒”的标签，很有可能你的孩子是在为不知道如何完成这个工作而苦恼着。

害怕失败而失败

当极端行为到了极点，就变成了另一个行为。研究人员还发现，有很多孩子是因为过于担心自己的表现没有办法满足自己或他人的期待，而无法开始完成其任务。他们因为担心不完美而焦虑，对任何不完美都没有办法接受，最终这种完美主义用另一种行为表现——停滞不前。

对于孩子行为的解读，我们总是要放下成人的架子，换个角度去看待、思考孩子的问题。最好的办法，就是倾听。

【家长该怎么做】

先听听孩子怎么说

当孩子总是出现某个行为的拖延时，我们不妨开诚布公地跟他聊聊。也许是我们的孩子对那件事情根本毫无兴趣可言，比如练钢琴，他就不断地用慢慢吃饭来抵抗练钢琴这件事（因为吃完晚饭就要去练琴）。这些隐藏起来的行为之间的关系，只有我们充分了解孩子之后，才能够判断清楚，找到引发拖延行为的关键点。

开诚布公的谈话，并不是家长制，如果我们把自己放在高高在上的位置，那么永远看不到孩子藏在最下面的脆弱的环节。如果让孩子感觉到我们的支持和理解，他们会乐于分享他们的恐惧和担心。如果能为他们提供帮助，比如介绍下自己的经验——怎么样可以又快又好地收拾完房间，他们会更愿意敞开心扉。

要把对孩子的期望明确化

当我们默默地为孩子准备一切时，孩子可能已经默认父母期待他能有个好的学习成绩。孩子往往高估父母的期望。他们认为只有好的成绩，才会让父母满意，而并不清楚父母可能更关注他们付出努力的过程。

不妨问问孩子对自己的期望是什么，或者他对这个项目的目标是什么。再问问他认为家长对他的期望又是什么？如果完不成自己设定的目标，可能会发生什么？这些问题都有助于加深父母对孩子的了解，有助于制定更适合孩子的对策。

明确地告诉孩子家长的期望，比如，把希望你变得更优秀这样的期待，转换成期待你可以每天按时完成作业，用业余时间做自己喜欢做的事，按时打扫房间……这让孩子可以清晰地知道，他需要做什么、怎么做，也有助于孩子理解父母对优秀的理解——不是考全班第一名。

帮助孩子们拆解他们自己构建的不合理的因果关系

如果我这次作业成绩不足 80 分，我就没有办法拿到优秀的结课成绩，这将意味着我没有办法参加夏令营，意味着我会失去我的朋友，我彻底变成了没有朋友的不良少年，让父母丧失掉对我的信心……

显然孩子给自己构建了一个完全不合理也是不可能发生的因果关系，这也被称为灾难性思维。这种思维模式会让孩子越想越害怕，越想越停滞不前，除了助长焦虑和拖延，还会让孩子因为长期处于这种强压力下，出现不定时的爆发性行为。

家长需要指导孩子解决问题的技巧，帮助提升自信。把大的目标拆解成几个阶段，再在几个阶段分别设定小目标，这让任务更易于管理，更容易实现目标。孩子需要这样的指导，因为他们缺乏这些经验，仅凭一腔热情，在遇到问题的时候，就会不知所措。每一次完成阶段性的小目标，都是对孩子的一次鼓励，也会不断增强他的自信，提高他们的抗压能力。

第 5 节　自私：这是孩子的天性吗

“老大又把老二打了，这次是因为老二动了他收藏的小恐龙模型。”

“我家孩子从来不把东西给别人玩，怎么说都不听。我都不好意思带他出门！”

“孩子学习越好越自私，只想着自己！”

有些孩子总是想按照自己的方式做事情，不喜欢分享，特别是独生子女，只考虑自己，心里从来没有别人。“自私得连孩子都不想生了。”面对我们国家越来越低的出生率和越来越多的单身和丁克一族，自私成了独生子女的特征之一。

美国在 19 世纪发表的一项研究指出，没有兄弟姐妹的孩子有过度骄纵的现象。20 世纪初，一些人还提出由于父母所有的担忧和恐惧都集中在一个孩子身上，这个独生子女精神会格外敏感，甚至会得神经衰弱。然而这一些结论在 21 世纪的时候，都被打破了。2018 年，德国两位研究者对 10000 名德国儿童进行跟踪研究，最终得出独生子女跟有兄弟姐妹的孩子具有一样的特征，他们会与父母有更牢固的联系，孩子们会后悔自己没有兄弟姐妹，让自己的童年缺失信赖的玩伴。但是来自中国的一项研究——他们对 126 名无兄弟姐妹的学生和 177 名有兄弟姐妹的学生进行研究，独生子女在宽容方面的得分较低，宽容性较差的人格在人际交往中会有更多的争吵、对人不信任和以自我为中心。

在生理结构上，有研究显示：独生子女的大脑结构与有同胞兄弟（姐妹）的略有不同，独生子女在创造力和想象力相关的部位有较多的灰质，研究人员认为，这是因为独生子女要独立面对更多的问题，需要他们有创造性地自行解决问题。另一个结构是在额前内侧皮层的灰质少于有同胞兄弟（姐妹）的，这说明独生子女在耐受性上略差于有同胞兄弟（姐妹）的人。

很难说独生子女的家庭模式对其在亲社会行为上有多大影响，毕竟孩子会有发展其他社交和认知能力的机会。即便是独生子女，也不可能脱离社交环境而孤立存在，他们的社交从幼儿园就开始了，甚至更早。笔者认为，比起独生子女的家庭结构对一个人亲社会行为的影响，家庭环境、父母教育方式似乎比家庭中的孩子数量更为重要。

【孩子自私行为的心理解读】

人类天生自私？

中国有句俗语：人不为己，天诛地灭。意思是人本来就是自私的，是通过后天的道德教育之后，为了在这个社会生存，才逐渐地学会分享与利他，是这样的吗？首先我们了解下什么是利他行为。

利他行为

利他行为是一种亲社会行为，是通过分享、合作和帮助等亲社会行为表达对他人利益的无私关注，是自私的反面。

一个有趣的测试：

一天，一个叫玛丽的女孩要去参加朋友的生日宴会。在去朋友家的路上，她看到一个女孩摔倒并摔伤了腿。女孩请求玛丽去她家一趟，让她的父母带她去医院。但是如果玛丽这样做，朋友的生日宴会就会迟到，并且会错过冰淇淋、蛋糕和很多好看的节目。玛丽应该怎么办呢？

对于这个问题，学龄前儿童的反应都是自私的，他们往往回答玛丽应该去参加生日宴会，这样才不会错过好吃的东西。但随着孩子的年龄增长，他们越会对他人的需要和愿望作出反应。

虽然存在这样的测试，但是，我们再回到婴儿时期，并不是所有的儿童在婴幼儿时期都是自私的，在道德发展前期（前道德期），在儿童没有接受道德或者规范训练前，就会有类似亲社会的行为出现。比如，12～18个月的婴儿，偶尔会给同伴玩玩具，会有意愿帮助父母做家务。还有的孩子在20个月后，会出现同情、安慰同伴的行为。个体早期的亲社会行为的差异，很大程度取决于父母对孩子的态度。研究发现，同情心较差的婴儿的母亲通常用斥责或者体罚等强制策略对待孩子的伤害行为，而出现同情心的孩子，其父母则经常对孩子的伤害行为进行情感解释。

影响利他行为的另一个重要因素——共情能力。共情能力又被称为同理心，是由人本主义学者罗杰斯提出的，是一个人体验他人情绪的能力，是整个人类都具有的一种反应。婴儿有感知父母和同伴的情绪，但是这种行为是本能的，且并不一定总是有帮助的，他们并不一定能把这种感受转化成行为，帮助到有需要的人。他们需要在后续的成长过程中，慢慢地通过不断地学习和模仿将这种能力强化。

【家长该怎么做】

孩子越长大越自私

这显然是个伪命题。儿童成长的过程也是他共情能力逐渐发展的过程。之所以让父母觉得孩子大了，反而自私了，其实是孩子有了自我意识。

顺从其自我意识的发展

2～3岁的自我意识

孩子在这个阶段，自我意识开始萌芽，他们只有“我”“我的”的概念，他认为所有的东西都是“我”的，我饿了，妈妈会给我奶喝；我困了，妈妈会哄我睡觉；一切都是围着“我”转的。所以这个时期的孩子，他们要比婴儿期的孩子对“我的”这个概念更敏感，并不理解分享的意思和物品真正的所有权的概念，于是就会出现妈妈觉得“还不如小时候”的现象。孩子在婴儿期出现的分享行为，让父母理解成为孩子懂事、不自私，实际上孩子的分享行为更多的是为了满足父母的期望。

处于这个时期的孩子，家长不能急于让孩子去分享，特别是在孩子出现不想分享的情况下，家长更不能去强迫孩子分享，强迫会让孩子觉得父母要“夺走”他们的东西，这会让孩子有更强的占有欲。这个时期最好的办法就是父母做好榜样，同时，在孩子出现自主分享行为或者说利他行为的时候，父母要给予赞赏，这将对孩子的利他行为正强化，反复强化后，孩子的共情能力就会提高，孩子的利他行为就会逐渐内化。

青春期的自我意识

青春期是形成新的“自我”的时期。青少年们已经有了自己的主见、自己对自己的新要求和新期待。根据研究，亲社会行为是一种相对稳定的行为，如果孩子在 4 ～ 5 岁已经表现出较多的自主分享行为，那么这种利他行为会持续整个儿童期和青春期乃至成年早期。但是父母们为什么会觉得孩子大了，反而不懂事了，自私了？实际上，这是父母对孩子有了“自我意识”的一个抵触情绪。父母口中的“孩子不懂事了”是因为孩子做事情的方式，不再人云亦云，他们有了自己的想法。他们更想按着自己的节奏、自己的意愿去完成自己想做的事情。这在父母的眼里，就是一种自私。

给青春期孩子父母的一点建议

- 当孩子生气、焦虑时，没有人关注他、给予他所需，他会觉得自己被忽视。久而久之，孩子也会变得更专注于自己，而忽视其他人的需求。

· 父母的自私行为对孩子的影响更大。

· 缺乏底线的教育也会让孩子变得自私。

· 过度补偿的“爱”会导致孩子自私。

· 不公平的待遇会让同胞之间越走越远，当一个孩子开始嫉妒另一个孩子的时候，他可能会变得自私了。

第 6 节　撒谎：谁的童年不说谎

“你吃糖了？”妈妈问。

“爸爸说我可以吃糖。”宝宝答，但实际上爸爸并没有说。

“妈妈的新衣服漂不漂亮？”妈妈问。

“……漂亮。”孩子的表情很牵强。

“妈妈，你为什么在电话里说你在开会呀？”孩子问。

“……”妈妈不知道该怎么回答。

我们每天都在说谎。即使你认为你是一个诚实的人，实际上，你仍然是一个说谎者。据统计，普通人每天说谎 1 ～ 2 次，平均为 1.6 次。我想真实的数量，远远超过这个调查出来的数据，比如，他们并没有算上朋友圈里那些不得不点的赞，微信消息里不得不回的笑脸，为了赢返点在淘宝上不得不打的满分。

【孩子撒谎行为的心理解读】

那么孩子呢？孩子一般从 2 ～ 4 岁开始有说谎的行为出现。他们的谎言可能很容易就被大人一眼看穿。

“我已经吃完饭了。”实际上她一直在屋里玩。

“你尿床了！”“不！我没有！”

前面的例子，孩子谎称爸爸同意他吃糖……这样的例子不胜枚举。当孩子们开始说谎时，父母会感到震惊：孩子怎么就说谎了呢？跟谁学的说谎？他说这种低级谎言的原因是什么？

撒谎——认知发展的里程碑

其实，孩子说谎是他认知发展中的里程碑。这意味着他们已经区分出了别人和自己，并且清楚地知道，别人和自己有不同的想法，他意识到别人对自己有不同的期待、感受和目标，他也开始了解到人的想法与事实并不等同。研究发现，当孩子知道事实与想法无关的时候，孩子较有可能说谎。就如孩子试图让家长相信他已经吃过饭了，但实际上他的目的只是给自己留出更多的时间来玩。

撒谎本身可能并不可取，但是了解别人的想法和感受是一项重要的社交技能，与同理心、合作、关怀密切相关。在 4 岁前，孩子并没有这样的能力，他们简单地认为每个人的想法都和事实一样，所以他们没有必要撒谎，也没有欺骗的概念。最典型的例子是，跟他们一起玩捉迷藏，他可能会直接告诉你他要藏到哪里。

幼儿期的谎言

幼儿期的谎言，往往都是这样漏洞百出的：嘴里塞满了蛋糕，他们却不承认吃了，爸爸就在他面前，他却跟妈妈说是爸爸同意他吃糖的。他们的目的性明确，但是欺骗的技能并不高超。这说明他们并不清楚什么样的话别人能够相信，什么样的故事符合逻辑。比如，他们还会讲一些不知所云的故事：机器人把蛋糕吃了。我的小熊病了，我在照顾他，不能下楼吃饭了……这一类的谎言就如我们前文提到的——假想伙伴——他们在幻想，这是他们具有丰富想象力的表现。幼儿对现实、白日梦、愿望、幻想、恐惧之间的差异掌握非常不稳定。就好像家长对孩子说的最大的谎话：礼物是圣诞老人送来的，孩子们都照单全收，信以为真，并且“胡编乱造”自己想象中小世界的形形色色的故事。

在孩子 8 岁前，他们经常说谎。随着年龄和阅历的增长，他们越来越擅长理解别人的需求，理解什么样的话别人更容易相信，也越来越擅长说谎。孩子也逐渐从前道德期进入他律道德期，他开始对撒谎等于不好的行为产生了概念。年龄小的孩子撒谎大多都是为了自己能够获得利益，然而年龄大的孩子撒谎的时候会有愧疚感。

说谎的原因

说谎的原因有很多，有的是为了得到些什么，有的是为了逃避掉不良行为要面对的后果，或者是逃避他们不想面对的事情。还有一些理论认为，孩子说谎是因为好奇，他们好奇说谎之后会是什么样的后果，这种好奇促使他们去说谎。

当孩子缺少自信的时候，谎言也可以帮助到他们。特别是那些父母要求较高的孩子，父母对孩子的要求超过他们能够达到的水平，会给孩子带来极大的压力。缺乏自信的孩子没有办法达到父母的要求，所以他们要用夸大的谎言内容，让自己平安过关。

缺乏自信的孩子为了让自己可以获得更多的关注和赞赏，给人留下极好的印象，他们也不断地用谎言来伪装自己，让自己感觉良好。他们更容易变成习惯性说谎，因为活在谎言里的自己实在是很令自己满意。这样的行为在成人中也很常见，他们夸大自己的收入、夸大自己的住房，甚至夸大别人对自己的仰慕，他们的谎言有的时候十分拙劣，有的时候显得毫无必要性，比如，他明明在家待了一天，却在朋友圈里把自己乔装成社交明星，这都是极度缺乏自信的表现。这样的成人，大多有一个自卑的童年，长期缺乏自信，让他们形成了习惯性撒谎。

还有一些孩子是因为冲动，没有考虑过说谎之后的后果。他们的谎话有的时候连自己都不记得，他们一时兴起说了句谎话，随后就忘记自己说了什么，他们的谎话往往也是漏洞百出，一般常见于患有多动症的孩子。

白色谎言

我们称白色的谎言是善意的谎言，在心理学里，称这种白色的谎言为“亲社会说谎”（prosocial lie-telling），在孩子 3 岁左右就会出现。就如前面的例子，孩子知道妈妈穿了新衣服，想得到赞美，所以他说了“漂亮”来回应妈妈。他们已经开始了解别人的期待和如何让对方感到舒适，这不得不说是孩子认知技能和社交技能的再一次腾飞。其实白色的谎言也是谎言，是我们教孩子说的谎。我们一面期待孩子拥有诚实，一面又期待孩子有礼貌地回应别人的给予，不得不说这是一种矛盾。

网络上的谎言

这是互联网时代的产物。有的时候我也在考虑互联网上还有什么是真的。照片、视频可以是假的，性别、年龄可以是假的，评论可以造假，人气可以造假，自己说的话也可以是假的……在这种氛围里，孩子们会受到怎样的影响呢？他们如何在一个充满谎言的互联网上，辨别是非、真假呢？

【家长该怎么做】

父母的模范作用

父母对孩子起到模范的作用，这是毋庸置疑的，特别是说谎这个行为。虽然偶尔的说谎不会对孩子的道德发展有太大的影响，但是当我们在孩子的面前，接起电话，说自己正在开会的时候，孩子正在观察着我们，并用他的脑袋理解我们的行为。虽然我们可以跟他解释自己这样说的原因，向他展示生活的不容易，但是他们的小脑袋能吸收到什么，我们无从而知。

白色谎言也是谎言

白色谎言也是如此。虽然这在道德上让人感觉更高尚，更有礼节性，但是请不要忘记它也是谎言的一种。可以从另一个角度让孩子理解，比如，当他不喜欢外婆送给他的生日礼物的时候，我们当然希望他会给外婆一个满意的回应。比起让他说谎答复外婆自己很喜欢这个礼物，或许我们可以引导他把关注的重点放在外婆的心意上，而不是礼物的喜好上。让他们明白，自己对外婆一番心意的感谢，要比感谢礼物更有价值，这也是帮助孩子逐渐形成价值观的过程。

让孩子知道诚实的好处

如果我们期待孩子诚实，那要让孩子知道诚实的好处。研究发现，讲“狼来了”一类具有惩罚性的反说谎行为的故事，并没有减少孩子的说谎行为。而那些赞美诚实品德的、积极的寓言故事，确实对提高孩子的诚实水平有帮助。所以，如果我们希望孩子诚实，我们要让孩子多了解诚实的好处，而不是把重点放在不诚实的代价上。

压力促使孩子说谎

高惩罚的家庭、学校会让孩子的说谎行为增加，因为他们带给孩子的压力更大，更促使了说谎行为的发生。有兄弟姐妹的孩子更容易说谎，因为他们有更多的学习对象，也面临着更多的同胞竞争压力。所以，家庭里的诚实氛围对于培养孩子的诚实是很重要的。

培养孩子的自信

比起一味地跟孩子强调谎言，我们可以多花些心思去培养孩子的自信和责任感。当孩子对自己有信心的时候，他们就敢于去承担，敢于去自主做选择，敢于对自己的行为负责任。

不要轻易给孩子扣上“不诚实”的帽子

如果孩子在 5 岁前说谎，我们还是不要用“说谎”这个词去定义孩子的行为，更不要去强烈指责孩子的行为，给孩子扣上“不诚实”的帽子。我们要正向引导孩子说出他隐藏在内心的话，或者他不敢说出的真相，而得到孩子的信任。

第 7 节　偷吃：一种本能的欲望

朋友家里有两个 4 岁的男宝宝。她跟我说，她给她儿子买的帐篷里，永远藏的是她不让吃的食物，或者是他们爱吃的食物。我问她那你怎么处理呢？她很淡定地说："我只是定期帮他们清理。"

我相信每个父母都面临这样的情况，一方面是孩子的欲望，一方面是自己头脑里反复出现的不可以。即便我们去阻止，还会出现让我们更为担心的行为：偷、藏、撒谎……这该怎么办？

【孩子偷吃行为的心理解读】

"吃零食"是一种欲望

孩子偷吃的不仅是糖，薯片、泡泡糖、辣条、方便面、可乐等各式各样的垃圾食品，孩子也都爱吃，这些是孩子童年不可缺少的一部分。父母担心孩子的健康，希望让孩子有一个好的饮食习惯，所以在孩子吃零食方面跟孩子们斗智斗勇。

孩子被冰箱里摆放的琳琅满目食物吸引的样子是一种本能地对食物的欲望，对新鲜事物渴望尝试的欲望。

孩子为什么采用"偷"的行为。偷透露着家长的不允许。家长不允许是因为孩子的自控能力并没有发育完善，他控制不了自己的冲动，又刚好有机会可以让他拿到自己喜欢吃的东西，“偷”的行为就产生了。除了这种主动“偷”的行为，还有一种隐藏得很好的“偷”的行为——会找其他人下手，比如孩子的姥姥。

从其他渠道“下手”的行为，其实也是一种变相的“偷”。采用迂回战术的孩子，一般是家长们眼中“乖巧、懂事”的孩子。他们是其他家长嘴里的“别人家”的孩子，他们不会与家长产生正面冲突，会竭尽所能地满足家长的期待，满足家长提出的合理、不合理的要求。另一方面，发生这样行为的家庭，一般会有至少一个对自己要求非常严格的家长，他们对孩子有很高的期待，对孩子的教育也会花费大量的心思。他们严以律己，每日做好模范并言传身教给孩子，让孩子产生“吃零食”“偷吃”的行为是不好的、不对的、不被父母认可行为的意识。于是，他们压抑了自吃的欲望。但是孩子终究是孩子，他们的控制能力尚待发育，他们无法抵制商家的诱惑，当遇到机会时，想吃的念头还是会无法抑制地跑出来，他们用其他途径满足自己的需求。

其实小孩子偷吃零食的行为、嘴馋的行为每个人都有，只是我们长大了，有了独立支配金钱的能力，想吃什么自己就去买什么。我们忘记了小时候因为一块糖，一口辣咸菜带给我们童年的快乐。周末窝在沙发里，大嚼薯片的人或许也是那个把巧克力藏到柜子的高处，以防孩子够到的家长。我们也是矛盾体，不是吗？

孩子偷吃，重点不是在偷，而是在吃。孩子对吃有极强的欲望，这是与生俱来的人类的本能。婴儿在刚出生的时候，把他放在母亲的胸口，他就会用本能去寻找乳头，然后开始吮吸的动作，每一次吸奶的时候，你都会感觉到他用尽力气，吃得小脸粉红，浑身发热。当孩子逐渐长大，他每天会非常认真地观看家长吃饭的动作，经常会不自觉地流下口水。当他第一次吃到食物的时候，他总是先认认真真地观看，用手反复地揉捏，最后用尽力气把一小块食物放进嘴里（因为他的手还需要一段时间的练习才能准确地把食物送到嘴里），他闷不作声，用他的牙床一点一点地碾碎食物。在这个时期，他都会有自己喜欢的食物，吃到喜欢的食物时他会兴奋地尖叫。孩子爆发出来的生命力让人感动。

弗洛伊德认为，本能一直在寻找发泄的出口，这种能量发泄构成了一种内驱力，目的是消除紧张。快乐就来自于紧张感的消除。来自本能的欲望，就是一种内驱力，父母不让吃，就是阻力，内驱力和阻力之间不断地纠缠，反而会让孩子对吃越来越有欲望，越来越难以满足。

孩子为什么喜欢吃零食

满足社交需求。零食对于我来说，除了满足口欲，还能满足我幼年社交的需求。儿童时期所有美好的回忆都与吃有关，跟小伙伴一同分享零食，探讨一款新零食口味的不同，一起玩里面赠送的小玩具所带来的快乐，让我至今回味起来都觉得有滋有味。

零食是孩子的好奇心。现在的物资极为丰富，各式各样的零食层出不穷。电视里铺天盖地的广告、超市里琳琅满目的商品，产生了让人无法抵挡的吸引力，让孩子们什么都想放到嘴里尝尝。几乎每个人都需要很强的意志力，去抵抗自己内心想要阻止尝试的冲动。我们应该去相信孩子，相信每一个生命都是有自知的，能觉察自己的需求。

未被满足的安全感，是一种回忆。我们会发现，成年人中一样有特别喜欢吃零食的人。糖给予他的是安全感，是他对童年的回忆，也是他对妈妈的回忆——“小的时候看电影，妈妈总会在出门前，背着爸爸给我两块糖，她知道爸爸不喜欢看到我吃糖。她总是疼我。”

【家长该怎么做】

顺其自然

我们可以制止，告诉孩子，过多的零食对他的身体是有伤害的。但这并不是好的办法，对孩子来说，他们没有办法理解食物、健康、体重、卡路里、营养学等之间这些错综复杂的关系，他只是知道，此刻、当下、我喜欢、我想吃。特别是在孩子 2 ～ 5 岁的时候，他们的理解能力尚未成熟，但是他们的自主性逐渐增强，他会对吃特别有主见。什么时候吃、怎么吃、吃多少，他在用这种行为表达自己在掌控生活。我们仅依靠语言上的制止，不会有太好的成效。

与孩子一起享受美食带来的幸福

与其被动地让孩子牵着走，不如主动地跟孩子一起享受美食。

朋友说，她最喜欢一家人在家里做零食。她先生喜欢动手做，她和孩子在旁边帮衬。周末的时候，一起尝试做各种甜品。孩子因为参与了制作，自然也会很想尝尝自己的厨艺。剩下的食物，就可以作为平时的小零食，让孩子带到学校食用。

养成好的饮食习惯，不去强化零食

每一次制止都是一次强化。对于孩子主动提出想吃的零食，我们可以尝试买下来，并让孩子觉得零食不是一个特别的食物，就像平时喝的水、吃的大米一样，自然也就缺少了那份因为稀有而显得格外独特的魅力。大多数零食，特别是针对儿童的零食，偶尔吃一次，或者少量的吃并不会对身体产生影响。孩子的问题是他们的控制能力较差，如果一次吃得太多会影响主食的摄取，导致饮食不均衡，影响身体健康。所以，我们需要帮助孩子设计健康的食谱。譬如，我们可以跟孩子商定怎样把零食吃完，怎样与家人和朋友一起分享，如何搭配健康的食物一起吃，养成一个健康的饮食习惯，才是解决问题的根本。

第 8 节　自虐：释放中寻找存在感

初中时，我发现有同学上课时用小刀在自己的手臂上划出一道道伤口，这是我最早对自虐这个词的印象。

高中时，有的男同学为了摆酷，露出胳膊上的一个圆形的凸起的疤，说："知道这是啥吗？这是烟花，抽烟烫的！"

所以对于自虐的行为，我一直认为是青春期那些无法按捺的愤怒和波动的荷尔蒙造成的。

【孩子出现自虐行为的心理解读】

自虐（Self-harm）是孩子伤害自己的一种行为，通常带给父母极大的困扰，最早可发生在 2 ～ 3 岁，常见于青春期。伤害小一些的自虐行为，例如，打自己，揪头发，拿笔扎自己，约四分之一的青少年面临自虐的问题。

古人云："身体发肤，受之父母，不敢毁伤，孝之始也。"所以，很多老师和父母遇到自虐的孩子，会认为孩子的行为是大不敬、大不孝之举，用激烈的言语刺激孩子，责备孩子，甚至打骂孩子，这样不但不会帮助孩子减少这样的自虐行为，还会把孩子的心越推越远，导致孩子出现更极端的情况。

自虐的人是想自杀吗?

自虐并不一定是想自杀，这是两种不同的心态。你可能会看到一个人的胳膊因为自虐而千疮百孔，但是他可能从未想过要自杀。自虐的人只是想通过这样的行为，来减少内心的痛苦，或者吸引他人的注意。自杀的人未必会有自残的行为习惯，但是严重的内心痛苦带来的自残行为，长期得不到缓解和干预，可能会导致产生自杀的企图，这是我们必须关注的。

内心巨大的压力

即便是很小的孩子，也会面临内心巨大的压力。包括来自学校、欺凌、对身体外形的担忧、在他们苦闷时得不到帮助，或者是家庭遇到重大的变故，比如，家庭暴力、丧亲……这些孩子不知道如何调整自己的情绪、如何舒缓内心的压力。这些孩子常常还会有自卑感，感觉自己没有价值、不被重视，甚至没有存在感。他们大多是悲观主义者，他们更愿意自己去面对这些精神上的压力，不相信会有人能够懂得他们的痛，也不愿意去分享内心的压力。他们甚至会认为，没有人在乎他，更不会有人在乎他是否被伤害。但他们发现自我伤害是一种释放，孩子在释放中可以感受到自己的存在。

释放自己的痛苦情绪

“我每次用钉子划皮肤，都感觉是一种释放。”“为什么用钉子？”“不知道。”一个手腕满是伤痕的初中女孩描述自己的感受。没有过这样经历的人，很难理解自虐者所说的这种释放的感觉。很多人认为自虐的人无非是无病呻吟、矫揉造作、心理变态，其实自虐是用破坏自己身体的方式在帮助自己降低愤怒的情绪、内心的伤痛、无法释怀的压力。“他们用外部的疼痛，来分散来自情感的痛苦。”精神病医生解释说。研究表明，自残会在大脑中释放内啡肽，从而减少紧张并带来镇定感。自残带给孩子一种幻觉，让他认为自己可以控制自己的生活状况。

渴望关注

“某些情况下，自残也是另一种形式的沟通。”有心理学家提出。当孩子受伤之后，很有可能会引起父母、其他成年人，或者他渴望获得关注的人的同情和关注。这种行为最初可能形成于幼年，在孩子生病或者受伤的时候，得到过亲人的关注和爱，这让他们感到非常满足。所以，他仍然不断地希望用这样的方式——受伤，然后获得关注——来达到自己的目的。

初中生小天，喜欢同桌小雪，自卑的他又不敢跟她表白，他就在上课的时候，用刀划伤自己，希望小雪可以发现他受伤了，关心他。但是这样的行为，反而引起了小雪的极度反感和恐惧。

像小天这样的孩子，个性敏感、内向、自卑让他的沟通能力受限，找不到与父母或者其他人建立良性沟通方式的渠道。所以他们只会用这种儿童时期的方式，去寻求关注甚至是亲密关系。这样往往获得的是畸形的、不健康的亲密关系。

但是，并不是所有孩子的自残行为都是为了寻求关注。还有一些孩子，他们只是为了减轻内心的痛苦，只是自己私下里秘密进行，也并不想让别人知道，他们用这种身体疼痛的方式排解精神上的痛苦，持续得越久，自我伤害的程度就越重。“最初他们只是用牙咬自己，抓自己，或者打耳光。”心理咨询师指出，“但是随着他们年龄的增长，这些孩子会开始用刀、玻璃、剃刀来伤害自己。”

【家长该怎么做】

发现迹象

正如上文所说，很多自残是私下里秘密进行的，因为他们认为家长不会理解，老师和朋友也都不会理解他们的行为。所以，作为家长，我们很难发现这类孩子的自残行为。如果我们发现他们最近情绪持续低落、悲观，开始不愿意参加活动或者是突然减少了自己跟朋友外出的时间，喜欢独自一人闷在家里，这时候，我们或许应该寻找机会找他聊聊了。

当我们第一次面对孩子伤害自己的时候，看到那些狰狞的伤疤会令我们震惊、难以相信、心痛、担心，但是请保持平静，告诉孩子，无论遇到什么事情，你都可以帮助他。虽然他们选择秘密的方式进行，但是当我们真的发现了他的秘密的时候，他会感觉到一种释怀。

跟孩子聊一聊

我们总是陷入家庭里日常的琐事，却忽略了与最亲近的人交流。最熟悉的陌生人，就是我们最常面对的生活怪象。我们有的时候过于关心身体的状况，而忽略了精神层面的沟通。我们肯花2个小时来准备一顿丰盛的健康晚餐，却经常来不及跟爱人分享下今天的感触，跟孩子坐在一起听听他最近在想些什么。

就是这种忽略，让我们越来越难跟孩子展开话题。特别是家里发生重大变故的时候，我们为了减少孩子的伤害，去刻意地隐藏、隐瞒，却不知道这让孩子更觉得自己是个局外人、一个无关紧要的人，让孩子不断地通过猜来获取答案，反而增加了他的痛苦。

聊天会帮助孩子释放情绪，但是情绪来了又走，走了又会来。我们不要指望一次就可以解决孩子的问题。我们不妨在家里建立一个良性的沟通机制，每天给自己和家人留一点时间，哪怕30分钟，大家坐在一起，聊一聊自己今天都遇到了哪些事，有哪些事情是值得高兴和感恩的。用这种积极的态度来相互鼓励，传递给孩子积极的情绪表达方式，不要避讳一些困难的话题，譬如，离婚、经济压力、死亡等，这是孩子最恐惧、最担心的，也是最不会处理的部分。唯有直面恐惧，才能克服恐惧。

如果孩子已经习惯伤害自己

伤害自己也是一种瘾症，像戒烟，并不是每个人都能成功。情况严重的孩子，需要专业的帮助，帮他们从这种毁灭的循环里走出来。我们要知道，孩子也很想从这个恶性循环里抽离出来，但是他需要时间，需要勇气、支持和方法。所以，我们要静下心来，给孩子再多一点时间，让孩子知道我们信任他，爱他，更愿意帮助他。

帮助泄压的方式

有很多方式可以帮助孩子减轻压力、转移注意力。长跑、游泳、网球等各式各样的运动，都可以帮助孩子分散他们的注意力，减轻他们的焦虑感和抑郁感，提升他们对自己的认同感和自信。除此以外，培养一个爱好，也是一个好的方法，比如看电影、绘画、听音乐，甚至是泡澡、写日记，这都是良性的方式。

冰冻三尺非一日之寒，孩子的自残行为，是很多次内心挣扎后的显现，并不是一次偶然的事件。所以，发现问题后，我们也不能操之过急，需要循序渐进，用爱来接纳孩子的一切，鼓励孩子，相信孩子。通过一段时间的帮助，孩子一定可以学会健康处理情绪的方式。

第五章

习惯篇——别太在意，谁都会有些“小爱好”

第 1 节 吮指：从娘胎带来的小习惯

很多家长对孩子吮指的行为非常苦恼。“我们很想做点什么，却又不知道该怎么做。”有的家长相对平静，觉得这是一个孩子正常的行为，应该随着孩子长大，慢慢地就会减轻，而不该采用强制手段停止。

【孩子喜欢吮指行为的心理解读】

吮指是与生俱来的

吮指（Thumb-Sucking）是孩子与生俱来的吮吸反射行为，许多婴儿从离开妈妈子宫之前，就已经吮吸自己的手指好几个月了。当他出生之后，他吮指的行为仍在继续，心理学家弗洛伊德把婴儿阶段的吸吮需求称为口欲期，这也是婴儿人格发展的第一个阶段，从出生大约持续到 1 岁。吸吮是这个时期婴儿的基本需求，他可以通过吸吮妈妈的乳房、手指、脚趾等来满足自己的需求。吮指行为可以给婴儿安全感，所以很多孩子在感觉饿的时候、无聊的时候、需要抚慰的时候、入睡的时候，都容易出现这个行为，逐渐就形成了吮指习惯。

根据弗洛伊德的理论，孩子的口欲期满足后，吸吮的行为会逐渐减少至没有。一般来说孩子在 3 岁左右，吮指的行为会逐渐消失。但是有一部分孩子，他们吮指的行为并没有随着年龄的增长而消失，反而有越来越严重的倾向，这个时候我们的家长就按捺不住了。

为什么会上瘾

婴儿期最初的吮指行为是值得被鼓励的。这个行为对孩子来说并不是一个简单的动作，他需要感觉系统和运动系统协调配合才能完成，是儿童成长的一种表现。还有研究表示，吮吸手指或者用安抚奶嘴的孩子在幼年时期情感上更为独立，他们有更高的自信，当他们感觉到压力的时候，可以通过吮指对自己的情绪自行安抚，然后继续玩。

但是当吮指行为超过了合适的年龄，便成为一个不良行为，如果长期无法自控，便成为瘾症，就如成人的暴饮暴食、吸烟、赌博等。什么情况下一个不良的行为会变成瘾症？通常这与生理上有多少需求相关，换句话讲，就是人们会有多渴望这个行为。偶尔的暴饮暴食，只是一次偶然的发泄。长期暴饮暴食，特别是明确知道暴饮暴食的危害，还无法停止，就形成了瘾，吮指行为也是如此。

随着孩子年龄增长，他们本应该学到更多的安抚自己情绪的方式。比如在无聊的时候，寻找更多玩具来打发时间，在感觉沮丧的时候可以去找其他的玩伴或者找妈妈寻求一个拥抱，感觉饿了可以自己拉开冰箱寻找食物。这些新的行为方式都可以完美地代替吮指的行为，但为什么他们还沉浸于吮吸手指呢？那就是吮吸手指的感觉真的很好，这种感觉让孩子们得到满足。

吮指的危害

我们在网上搜索可以搜到很多吮指的危害，比如，会带细菌和脏东西到孩子嘴里，让孩子生病并影响孩子身体健康；会影响孩子长牙，造成牙齿畸形；会让孩子手指因为总被口水浸泡而破溃；甚至有研究说会导致孩子手指畸形。还有的家长担心孩子是不是有什么心理问题，是不是自己哪里没有做好，让孩子有了这样一个行为。吮指一定是不好的行为吗？

另一种声音

有一个有趣的研究——咬指甲和吮吸拇指的孩子对花粉、猫和尘螨过敏的可能性较小。研究显示，在 13 岁时，那些存在吮吸拇指或者咬指甲行为的孩子对常见的过敏源反应可能性降低了 33%，到 32 岁，达到 39%。分析认为这些孩子实际上通过把手不断地放到嘴里增强了对各种细菌的免疫力。

所以吮指的行为也并不完全是不好的行为，也并没有我们想象的那么糟糕，它还是一种对孩子的保护行为。

何时应该干预吮指行为

国外比较主流的说法是，4 岁之后，孩子如果仍然保持吮指行为，会影响孩子的嘴和下巴的牙齿，剧烈的吮吸会导致味觉的改变，会导致孩子永久性的牙齿错位，影响牙齿永久性的咬合。而且随着年龄的增长，如果没有干预的情况下，孩子面临着越来越难戒掉吮指的风险。

【家长该怎么做】

对于幼龄的孩子不强迫停止

每个孩子都是独立的个体，都有自己的觉知。对于他们认为不舒服的事情，他们会自己选择停下来。相对于戴手套、抹辣椒等强行干预的行为，我更推荐佛系疗法——顺其自然，不要强迫孩子停下来。多数孩子的吮指问题，我们只需采用“不去关注，不去阻止”的方法，我们应该相信，当孩子准备好的时候，他自然就会停下来。在我看来，任何由父母发起的强迫、劝导，或者物理阻断（打手、涂抹东西）对孩子不会起到正向的作用，只是在不断地强化孩子关注吮手指的行为，只会吓坏孩子，让他学会避开家长去做自己想做的事情。

如果担心孩子吮指会让孩子把细菌带入口中，引起孩子生病，我们可以提醒孩子勤洗手，帮他养成讲卫生的好习惯；如果担心对孩子的牙和面部产生影响，我们可以在领孩子看牙医的时候，帮助孩子了解他牙齿的情况和戴牙套的种种不适，让孩子从主观意识上产生停止吮指的意愿；我们如果觉得孩子是因为无聊而吮指，可以让孩子忙起来，特别是让他的手忙起来，比如，一起做手工、一起种菜、学习做家务，买一些需要孩子动手完成的玩具，比如拼图、陀螺、飞镖等，做任何孩子感兴趣的事情，而不是不断地去强调不要吮指。

了解触发吮指的源头

有的孩子只会在特定情况下，频繁地吮指。比如，当孩子感受到紧张的时候。所以，放弃自己想阻止孩子吮指的想法，多跟孩子一起聊聊，或者在天气晴好的时候，带孩子出门走走，营造一个良好的氛围，多了解下孩子最近的新动态。如果吮指的原因来自压力，那么就要知道到底是什么导致孩子产生这么大的压力，是家里的事情，还是幼儿园或者学校遇到了什么难事儿？如果是因为恐惧、紧张导致的吮指，则一般是由特定的事情引发的紧张感，让孩子出现“倒退”的行为——吮指。比如遇见陌生人、说谎、当众讲话……就要仔细观察，确定具体事件，消除孩子对事情的恐惧和紧张，吮指行为自然就会消失。

同辈效应

正如我们前面所说，孩子因为感觉良好、满足而不断地吮指，那么如果这个行为不再让他们自我感觉良好，就存在被替代的可能了。比如，我们担心孩子因为吮指在幼儿园被同龄孩子嘲笑或者被欺负，这或许是个好事情。如果孩子真的被其他孩子指出这个行为，那么他一定会感觉不舒服。跟孩子及时沟通，好好聊聊，让孩子清楚，其他孩子的态度只是针对他的吮指的行为，而并不是他这个人，如果他愿意放弃这个行为，同伴就会对他有改变。事实证明，同伴压力通常要比父母强制孩子改掉这个习惯更有效。

自己下定决心

所有成瘾习惯都存在改变的可能，都是当事人本身产生了想要改变的欲望。解铃还须系铃人，当孩子自己意识到这个行为已经不适合他的年龄了，当他决心要跟吮指行为说再见的时候，我们就该走上前，帮助孩子一起做一个行动计划，并成为他的支持者。

任何成瘾行为的改变都不是一个容易的过程。我们要帮助孩子设计阶段性的目标计划，比如列一个图标，和孩子一起来制订计划；白天不吮指可以获得一个积分，连续积累 5 分，可以自己选择一个新玩具作为给自己赞赏的礼物。不断地鼓励孩子和温柔地提醒是积极的支持行为，会帮助孩子建立信心和勇气。

耐心和坚持至关重要

冰冻三尺非一日之寒，任何一个行为的形成和消失都不是一朝一夕的事情。当孩子决定改掉吮指习惯的时候，并不意味着他一定可以戒掉，这需要我们共同努力。当遇到问题反复的时候（这简直是一定的），孩子会感觉这个事情对他们来说真的是太困难了。他们会开始怀念手指在嘴里时舒适的感觉。相比较于白天，晚上更让孩子难熬。白天，孩子的头脑比较清醒，控制能力相对较强。到了晚上，尤其是睡着了，孩子很难控制自己不去吮吸手指。这就需要父母的理解，和孩子共同寻找可行的办法，并随时调整计划，克服困难。

第 2 节　啃指甲：最容易养成的癖好

比起上一节的吮指，孩子咬手指、啃指甲、咬手皮也是让父母苦恼的行为。这些啃咬行为，会给手部的外观带来很大的影响，有的甚至会持续到成年。

【孩子喜欢啃指甲行为的心理解读】

不明原因的啃指甲

最初啃指甲的行为可能只是偶发的行为，比如，小朋友指甲长了，他没有找到指甲刀，或者不会用指甲刀，采用咬这个行为来临时解决问题；或者，他只是偶然在无聊的时候，发现啃指甲是一个有意思的事儿；或者最初只是无意识地啃指甲，结果越咬越津津有味；我们无法清楚地了解每一个啃指甲的孩子最初是怎么开始这个行为的，但是，我们认为啃指甲只是一个相对无害的习惯那就错了。

慢性咬甲癖

啃指甲在医学上又称为慢性咬甲癖（Chronic Onychophagia），

被认为是最常见的缓解压力的习惯。无法控制的咬指甲行为，逐渐破坏了指甲周围的组织，让指甲周围的皮肤逐渐感染，破坏指甲的外形并带细菌到身体里。

还有的孩子逐渐从啃食指甲，扩散到揪手皮、咬手指；或者是从啃物开始，比如铅笔、衣服、桌子，发展到啃手、啃指甲，甚至发展到啃关节、手臂或者身体上任何可以触及的地方。这类皮肤吞噬的行为又被称为咬皮癖，是心理健康研究中的一个新兴概念。

咬皮癖（Dermatophagia）是指人强迫性地咬、嚼、吃皮肤的状态，通常影响的是手部皮肤，不局限于咬指甲，或者偶尔地啃手，比如，从啃指甲行为，扩散到啃手、啃手指甲周围的皮肤，还有的就是从啃手或者啃口腔内、嘴唇的不平整的皮肤开始，逐渐扩散。这种行为可以是有意识的或者是无意识的，是常见的行为。

在美国，3～6岁的学龄前儿童中存在咬指甲行为的约占23%；有一项针对印度的研究中，7～10岁的儿童有33%的指甲是咬伤的，青少年中约有45%。但是这些调查并不足以说明这种啃咬行为的存在比例，真正拥有这种行为的孩子可能要比这个数量多。

很多人并不觉得这个行为是个问题，或者很多家长自己也存在这个问题，所以并没有引起家长们的关注。还有的小朋友因为隐藏得很好，比如，只是咬嘴皮、咬指甲，让父母没那么容易发现他的行为，还有的是对这个行为不太愿意谈起，觉得很尴尬。大多数有这种行为的人，不会去寻找专业的帮助，因为毕竟这个行为，只是会导致手部看起来没那么美观，指甲有些不平整，手指边缘有些粗糙而已。

孩子为什么形成这种行为，现在的结论并不统一，或者说并没有弄清楚真正的原因。

不同的声音

弗洛伊德的观点

按弗洛伊德的精神分析理论来看，这个行为属于口欲期没有发展好，导致了口欲滞留。口欲滞留的原因就比较多了，比如，哺乳期母乳时间不足或者过久，母亲没有及时响应婴儿的需求，孩子的啃咬行为被强行制止，过于压抑孩子的啃咬行为，等等。

另一派精神分析

精神分析的另一派别认为这是攻击欲望被压抑的行为反应。指甲和牙齿是人类外表最为坚硬的两个部分，对孩子来说，是最有力量的攻击武器。心理学家认为，这些孩子用矛攻击盾——牙齿和指甲互相撕咬的行为，意味着一个人将攻击转向自身，主动地毁掉自己最有力量的攻击武器。为什么？因为外界环境不允许他表达攻击。

例如，孩子被家暴，他心中充满了愤怒，但是他不敢也没有能力反抗，随着积攒的愤怒越来越多，他反抗的欲望越来越强，最终选择了毁掉自己的武器——指甲，表达自己没有能力反抗，同时也是在安慰自己。

缓解压力

有专家认为这是一种应对压力的方式，这个行为可以帮助孩子缓解压力，并且可能一直持续到成年，甚至影响他的孩子。“因为这种行为并没有什么太严重的影响，并没有毁容。”专家的结论。

其他观点

还有的专家认为这是其他一些疾病的表现症状，比如有74.6%的多动症儿童存在啃咬行为。所以，也建议父母发现孩子有很严重的啃咬行为的时候，考虑咨询专业的医生。

还有的研究认为啃咬行为是自残行为的一种，但是也有研究认为啃咬行为与自残是完全不同的，啃咬行为是通过这种行为减轻自己的压力，并且从行为中获得乐趣，而不是像自残一样，有意地伤害自己，虽然啃咬行为可能会造成人身伤害，但这不是故意的。

研究认为，这种行为和强迫症相关或者部分相关，虽然目前并不清楚原因，但是遗传和社会因素都有可能对这种行为有所影响。就如强迫症一样，患有强迫症行为的人的家庭中也更容易出现强迫症。所以，这种啃咬行为是不是由后天习得和基因双重作用下的结果，我们还不得而知。

研究发现，啃咬行为似乎具有遗传的倾向。啃咬行为又与焦虑有关，当这类人感觉无聊、紧张、孤独或者饥饿的时候，他们会开始咬指甲、咬手。而啃咬行为的人的直系亲属的情绪和焦虑症的发病率高于平均水平。还有研究发现，通常咬指甲的人，在幼年更喜欢吮吸手指，到了成年更喜欢嚼口香糖，或者是抽烟，这类人愿意通过口腔行为来舒缓压力。

但是我们也并不要认为这种行为就是一种很特殊的精神疾病或者一定跟情绪、压力遗传相关。其心理学类报纸曾报道一个案例：一个 15 岁的小男孩，除了性格上有些顽固，其他都是完全正常的孩子，并且学业成绩令人满意。并且，这个孩子已经有意识地控制自己咬关节的行为。

【家长该怎么做】

作为家长，我们能做些什么呢?

先了解孩子为什么会出现这种行为

孩子是因为累了？压力大？还是因为指甲总是没有及时剪短，养成了这样的习惯？还是饿了，又找不到其他吃的。想终止孩子的啃咬行为，我们最好是能了解或者尝试了解孩子出现这种行为的原因。如果能找到触发行为的因素，这是缓解行为最有效的方式之一。

永远不要碎碎念

我们已经反复提到，对于想要改变的行为，每一次的指责、批评、惩罚、碎碎念都是行为的一次强化，不但没有任何帮助，还会加深孩子的焦虑，打击孩子的自信。父母要给予孩子自由表达的机会，而不是总是在表达自己的观点和态度，用说教的方式不断地否定孩子，希望让孩子达到自己期待的结果。这会让孩子有愤怒的情绪产生，或者让孩子觉得自己在做不好的事情而产生自卑心态。

不推荐厌恶疗法

厌恶疗法是一种较为常用的行为治疗技术。需要把要戒除的目标行为与不愉快的或者惩罚性刺激结合起来，通过形成厌恶性条件反射，以消退目标行为对患者的吸引力。比较常见的方式就是在手上涂一些孩子不喜欢的味道，让孩子对啃咬手的行为产生厌恶的心态，达到击退行为的目的。但是根据研究显示，厌恶疗法可能会让孩子啃手的行为得到了抑制，但是如果引发孩子发生行为的本质问题没有找到，比如，由于压力过大、焦虑，孩子排解压力的行为被终止了，孩子的压力无处排泄，很有可能寻找其他的方式排解出来，出现新的啃咬行为，或者转而性格内向，反而影响了孩子的心理健康。

保持孩子手指卫生

我们要勤给孩子清理指甲，让他们的指甲不要过长，要保持手部的干净，定期清理死皮，避免因为指甲过长、死皮过多，诱发孩子啃咬指甲的行为。同时也能及时发现孩子手部的问题，因为如果啃咬行为让孩子的手出现感染，家长就要及时领孩子就医。

不要过于担心

除了部分孩子发展成一种影响正常生活的癖好外，多数孩子随着年龄的增长会逐渐自愈。当孩子意识到这个行为的危害性，通过自己的意志力，是完全可以纠正的。譬如，有的女孩长大之后，开始关注自己的外表，喜欢留长指甲让手部显得更为修长，会主动控制自己啃指甲的行为，逐渐就好了。

第 3 节　拔头发：能带来快感的习惯

10 岁的小岩最近前额头发明显减少，妈妈以为他是营养不良导致的脱发，到医院一检查，结果让妈妈很意外。稀疏的前额的毛发竟然是小岩自己揪下来的！医生建议小岩转诊到心理咨询科，这让妈妈很担心。

孩子为什么会拔自己的头发？

这是一种心理疾病吗？还是精神疾病？

【孩子喜欢拔头发行为的心理解读】

拔头发的行为，与上一节我们提到的咬指甲、咬嘴唇皮以及挖鼻孔、抠鼻子周围的皮肤、咬脸颊等一系列行为，都被称为身体集中重复行为障碍 BFRBs（body-focused repetitive behaviours）。一般始于儿童后期或青少年期。一般包括：头发（拔头发、吃头发）、皮肤（皮肤撕扯、吃皮）、口腔（咬嘴唇、内唇、舌头）、手（咬指甲）、鼻（挖鼻孔）。

拔毛过程体验快感

拔毛癖患者在拔毛过程中能体验到快感，这是与强迫行为最大的感受区别。虽然拔毛癖与抠皮症等身体集中重复行为障碍都被归类到强迫行为中。

不仅是拔头发，眼毛、眼眉、身上的毛发都有可能被拔掉。“我戴假发，画眉毛，但是我还是停不下来拔掉它们。”一位12岁的女孩描述她的生活。她刮干净身上的毛发，而且就连新长的也不放过，“我不记得是从什么时候开始的了。我只记得我一直很偏爱拔眉毛和头发。”

无意识的拔毛

有的孩子并不知道自己在揪头发，直到他发现地上全是。这是无意识的拔毛癖患者。“多数情况是我在看书、想事情的时候拔，有的时候是在看电视。我总是突然发现我的手在头上，但是却没有意识。”

拔毛行为的危害

并不是所有的有拔毛癖的孩子都会把头发吃掉。但是如果他吃掉的话，后果会很严重，大量被吞噬的头发无法在肠胃中消化，需要手术才可以把它们取出来。

还有一类孩子，他们在私下里偷偷地拔毛，他们非常清楚自己在做什么，并且感觉非常好。“揪头发可以缓解或者减轻焦虑。”有的孩子说，尽然拔头发已经造成他们有明显的外观损害了，“虽然我的同学取笑我的假发，这让我很尴尬，但是我仍然没有办法停止拔头发。”

有严重拔毛癖的孩子会影响孩子的外表，同时遭受情感和社交障碍。他们通常用帽子、假发、头巾等装饰物来掩盖自己的脱发。根据不完全统计，拔毛癖通常发生在12岁左右，也可能会出现在较小的儿童中。

由于很多人不愿意面对自己的这个癖好，我们无法获知这类人在人群中的准确占比。专家们估计有2%～5%的人患有拔毛癖，但这只是一个乐观的数字。专家说：“我们缺乏大规模的全球性研究，我们无法确定这类疾病的精确患病率。”女孩比男孩更容易患上拔毛癖，比例大概在8∶1。在患有强迫症的儿童中，或者近亲患有强迫症的儿童中，常常同时存在拔毛癖行为。当头发再长出来的时候，往往伴随着头皮发痒，所以孩子会继续揪掉头发，来缓解他头皮的不适。

有这类行为的孩子并不期待他人的关注，相反他们更喜欢安静地拔毛，甚至都无从知晓自己正在拔毛。那些专注于拔毛的孩子，只想避开他人的关注，独自享受拔毛带来的快感。“我有时候感觉自己是变态的。我觉得自己是神经病、是怪胎。”很多孩子一面感受羞愧、恐惧和孤独，一面用拔毛在安慰自己的情绪。

拔毛癖和咬皮癖、咬甲癖类似，都与自残不同。他们不以伤害自己为目的，但结果还是在不停地伤害自己。很多人由于不断地拔头发，导致自己毛囊感染、毛囊永久性损害，无法再长出头发。

拔毛行为的原因

至于形成拔毛癖的原因，跟咬甲癖类似，都不能拿出确切的结论。当然有研究认为跟基因相关，但是拿不出确切的证据。虽然很多家庭会有不止一位患有这类身体集中重复行为障碍疾病。也有研究认为拔毛癖与气质有关，譬如完美人格更容易患病。但更多的人倾向于把拔毛这种行为归结于回避压力，释放急躁、沮丧、无聊、紧张的情绪。

没有明确的证据可以证明拔毛癖与创伤有关。有研究显示，有 50% 的患者说，开始出现拔毛行为时，可能是与某些负面的事件或者创伤型事件有关。比如，更换学校、搬到新城市、父母离婚。但是事实证明，并不是所有经历过创伤性事件的人都会患拔毛癖，也并不是所有的拔毛癖患者都经历过生活的巨大变化。所以创伤与拔毛癖之间并不相关。

幼儿的拔头发行为也很常见，据报道约占幼儿的 4%，但是也并不准确，因为很多孩子有这样的行为，但是并没有引起父母的关注。有的幼儿的情况会随着年龄的增长而逐渐变好，但是有的孩子会逐渐把这种行为发展成拔毛癖。

幼儿需要逐渐形成一些感知觉行为习惯来帮助他们安慰自己或者让自己放松，比如，吮指行为、吮安抚奶嘴、抚摸安抚毯、抚摸毛绒玩具。但是还有一些孩子，把自己的安抚习惯与头发联系在了一起，比如，抚摸头发、旋转头发。这些行为习惯在孩子成长中逐渐养成，不断地对躁动或者疲倦的孩子进行安抚，甚至有的行为已经成为孩子入睡习惯的一部分。幼儿的这些行为大多无害，但是如果幼儿把抚摸头发变成了拔头发，那么就会养成一个很难抹掉的行为习惯。

【家长该怎么做】

观察

对于幼儿的拔头发行为，家长首先要观察他们是什么情况下会出现这个行为，比如，看电视的时候？玩游戏的时候？还是入睡前？什么情况下拔头发的行为会减少？这些细节会更好地帮助家长处理问题。

寻找替代物

在了解幼儿的行为习惯之后，就需要帮他寻找头发的替代物，比如，长头发的娃娃，让他逐渐习惯抚摸长头发的娃娃来达到安抚效果。如果孩子拔头发是为了满足口欲——吃掉头发，那么可以选取新的替代头发的安抚奶嘴或者牙胶。

碎碎念无效

同样，碎碎念是无效的，除非家长想强化孩子拔头发的行为。把头发剪短或者给孩子晚上戴上手套，会对孩子有作用，但前提是让孩子接纳这个方式。与啃咬行为类似，让孩子的手忙起来，有助于转移孩子对头发的注意力。比如，多和孩子一起运动、做游戏；多陪伴孩子在他感觉难熬的时刻——睡前。

耐心陪伴

同样，习惯的养成非一日之功，改变习惯也不能操之过急，家长需要有耐心和信心，陪伴孩子一起与拔头发的习惯拜拜。

接受治疗

对于已经形成拔毛癖的孩子，更好的办法就是鼓励孩子去接受心理治疗。比如，认知疗法——了解自己为什么要拔毛，改变自己对拔毛行为的错误认知；习惯逆转训练——通过让患者学会识别最有可能发生拔毛行为的环境，用其他行为替代拔毛行为，比如出现拔毛冲动的时候，选择握拳或者玩玩具；正念（mindfulness）疗法——帮助一个人观察和接受负面情绪和冲动，而不是通过拔毛来解决。

然而，并不是所有的治疗方案都会行之有效，或者说现在并没有一种治疗方案能够确保一定有效。也许我们更需要用爱来接纳孩子的这种特殊行为，同时也是在帮助孩子接纳自己，接纳自己的与众不同。

第 4 节　爱哭：孩子表达意愿的特殊语言

孩子在一声啼哭中来到世上，哭是孩子的第一语言。在他们是婴儿的时候，哭代表他们各式各样的需求；当他们累了、饿了、不舒服了、病了，他们都会用哭来表达；当他们长大一点的时候，哭代表一种情绪的流动，可能是他们感到悲伤、生气、沮丧……

【孩子爱哭行为的心理解读】

婴儿期孩子的哭

在婴儿期，孩子的哭是一道难解的题。特别是对于新晋爸妈们，如何理解孩子的哭，是他们的第一门功课。

当婴儿哭的时候，家长们首先应该检查下是不是孩子哪里不舒服了，比如，尿布松紧度不合适、衣服不舒服、身子下面有东西让他感觉不舒服……再逐一排除孩子有没有生病、有没有需要换尿布、有没有需要哺乳、有没有到了入睡的时间……这些都排除之后，孩子的哭，就是一种陪伴的需求。

幼儿期孩子的哭

随着孩子逐渐长大，逐渐有了语言表达能力之后，哭也会逐渐减少。幼儿的情感已经丰富起来，2 岁以后，他们开始出现复杂的情绪，例如，尴尬、害羞、内疚、嫉妒和骄傲。但是幼儿的语言能力有限，他们还很难用语言清晰地描绘他们当下的感受，因此哭泣还是他们让情绪流动的一种方式。幼儿哭泣除了表达悲伤、生气、沮丧外，还可以表达受伤、尴尬、嫉妒等。

他们除了有了更复杂的情绪体验外，思维能力也有所提高，这与婴儿期有所不同。比如，他们会有记忆，在去医院的路上，已经回忆起上一次的疼痛，开始担心地哭。他们也会有被伤害感，比如，被他们在意的同伴拒绝一起玩耍的时候，他们会伤心地哭。他们还会有共情能力，当他们看电影的时候，会被电影的情节感动哭。

学龄期孩子的哭

随着年龄的增长，孩子的哭越来越少了，因为他们语言能力飞速发展，他们用语言可以更便捷、更准确地表达因为什么不开心、需要什么、想要什么，他们更喜欢去谈论他们的感受。

学龄期的儿童已经可以在哭的时候预测他人对自己哭的反应，并且会因为后悔和内疚而哭。有的时候是为了逃避父母的惩罚或者用眼泪来抚平父母的愤怒。他们也会控制自己哭的行为，如在他们不喜欢的人、同伴或者可能会收到不友好回应的人面前。

困难型气质——高需求的哭宝宝

气质是个体在情绪、运动、注意反应以及自我调节等方面的先天差异，是成人人格的情绪和行为的基石。在婴儿期，孩子们就会逐渐体现出不同的气质。我们会发现有一些孩子，他们哭的频率、时长，较其他孩子会多。根据统计，有十分之一的孩子，会哭更多——每天超过 3 个小时。根据婴儿某些方面的类似行为，可将大多数婴儿分为 3 种气质类型。

容易型气质：约占 40%，随和的儿童，脾气平和、情绪较为积极。

困难型气质：约占 10%，这类儿童活跃、易怒、生活没有规律，适应能力较弱。

迟缓型气质：约占 15%，不怎么活跃的儿童，有点抑郁，适应能力较弱。

剩下的 35% 是无法分类的、具有独特个性的孩子。我们所说哭得比较多的，就是困难型气质孩子，也有人称其为高需求宝宝。这类婴儿哭得厉害、声音大，很难安抚，他们也很难平静地入睡。深夜醒来之后，很难再入睡，这类宝宝经常把父母搞得筋疲力尽。

如果我们幸运地遇到了容易型气质的宝宝，那么恭喜你，你可以有更多的睡眠，让超过半数的家长都羡慕你。

但是如果我们拥有了一个困难型气质的宝宝，这意味着家长要付出更多的精力与时间。但这并不代表困难型的婴儿一定会成长为困难型儿童、困难型小青年。根据研究表明，早期的气质特征有时候会保持，但有时候会改变。气质是否可以改变，取决于与父母教养方式的拟合度。

也就是说，气质与父母之间的关系和影响是双向的。在父母的良好养育下——父母表现出较高的情感和自主支持的时候，一个困难型孩子的认知水平、学术和社会适应能力不一定比容易型孩子的差，甚至会比容易型孩子更优秀，但是如果父母教养不好，困难型婴儿很有可能会变得更糟。

所以，如果父母可以始终保持平和，帮助孩子建立规则和约束，与孩子建立安全型依恋关系，让这些困难型孩子在耐心、敏感而又有要求的父母培养下成长，他们会成长得越来越好。

相反，如果当孩子控制不住哭泣的时候，父母冲孩子吼叫，希望孩子停止，不断地惩罚、打击困难型的孩子，采用强硬的措施来限制孩子，这样的方式对困难型儿童很难有效，会导致他们哭得更厉害且更加反抗父母的管教，逐渐形成恶性循环。

敏感型宝宝——高敏感度的哭宝宝

除了高需求宝宝喜欢哭，敏感型宝宝也是爱哭的一族。

有 15% ～ 20% 的孩子，他们的神经生而敏感，他们敏感的神经可以帮助他们快速感知事物和对事物作出快速的反应，他们能够迅速地把握细微的变化，他们喜欢在行动前进行深刻的思考，他们的态度非常认真。他们是多种气质特征融合的宝宝，有的活跃、感情多变、固执，也有的平静、内向，但是很难与他人融合，因为他们挑剔又直言不讳。但所有的敏感型宝宝都是对情感、身体、环境等敏感的，这让他们从小就爱哭。

在他们还是婴幼儿的时候，就表现出了敏感的特征，他们的哭泣会有所不同，甚至会因为噪声而哭泣，因房间凌乱而哭泣，闻到奇怪的气味、看见刺眼的灯光，甚至听见灯泡的嗡嗡声，但凡让他们感觉不舒服的事情，都会引发他们哭泣……但是，让人困扰的是，他们不具有或者还不能清楚地表达自己到底因为什么而不舒服，家长们又感知不到让这群孩子敏感的内容，所以经常搞得家长们一头雾水。

对于敏感型宝宝，他们是非常善于观察父母情绪的，所以，遇到敏感型孩子哭泣的时候，我们紧张得不知所措，反而会让他们更加不安。我们最好是用轻松的方式，先让孩子从敏感状态中抽离出来，从哭泣中停下来，让孩子深吸一口气，或许这些伶俐的孩子马上就会好起来。

情绪调节能力有待提高

有的时候，孩子经常哭可能是缺乏情绪调节的能力。他们遇到了问题或者令他们沮丧的事情，并不清楚该如何做才能让自己好起来。比如，他们在学校受到了嘲笑或者同伴的冷落，他们心心念想看的体育比赛，却刚好被错过了，他们在困难面前束手无策，缺少解决办法，也不会调节自己已经膨胀的情绪，所以只能用本能的哭来调节情绪、寻求帮助。

如果孩子是因为情绪而哭泣，那么我们需要帮助孩子了解自己的情绪，并且逐渐学会释放与调整自己的情绪，成为情绪的主人，而不是被情绪牵着走。当他们感到难过的时候，我们尝试着坐在他的旁边，听听他为什么而哭泣，不妨帮他详细分析下他觉得难过的事情，帮助他体验自己当下的情绪，认识到自己现在的情绪状态，当他开始分享的时候，他调节情绪的能力就在逐渐提高了。

经历焦虑

当婴儿与父母形成依恋的时候，也会在跟父母分开时出现分离焦虑。譬如，妈妈要离开家出门的时候，10 个月的孩子就会哭闹不停；甚至 18 个月的孩子仍然会在妈妈要上班的时候，追到家门口不让妈妈走。分离焦虑一般从 6 个月开始，大多会持续 10 ～ 12 个月，随着孩子年龄增大会逐渐好转。

幼龄的孩子也会因为焦虑而哭，虽然对家长来说，我们很难理解两三岁的孩子会面对什么焦虑。但是就是那些不值得一提的事情。比如，没睡好觉、小朋友吃了他的零食、没有看到自己喜欢的卡通片……都会让孩子感觉到焦虑。当焦虑没有办法排解的时候，就会用哭来表达。

【家长该怎么做】

接纳孩子的情绪

引发孩子哭的原因可能是千奇百怪的，我们也没有办法逐一谈到。但是，如果孩子开始哭了，就说明他一定是有所需求，要么是身体上的，要么是心理上的。我们看不透，说明我们还不够了解孩子当下的情况，还不够敏感。但是我们可以做到平静地接纳，看到孩子的眼泪，接纳孩子此刻的情绪，对孩子给予关注，让孩子逐渐把膨胀的情绪放松下来，静下来之后，我们再去跟他好好进行沟通，倾听他的内心世界。

同辈压力有助于减少哭泣

最有意思的是，大多数孩子在他们上学之后（6～7岁），哭的次数会明显减少。有学者提出：同辈压力可以帮助孩子学习控制自己的情绪，让孩子逐渐走向成熟。当他们发现同学们并不喜欢跟一个哭啼啼的孩子一起玩的时候，他们自然就会学会不在公众场合流下眼泪了。孩子们就是这样一点点地慢慢长大了！

第 5 节　抽烟：成人的诱惑

每年的 5 月 31 日是世界无烟日，因为第二天是 6 月 1 日——国际儿童节。之所以定在儿童节的前一天，是希望下一代可以免受烟草危害。然而事与愿违，吸烟和二手烟一直严重危害着青少年的健康。

全球有 13 亿左右的人口吸烟，每 5 个人就有一个是吸烟者。中国吸烟者人数又是世界第一，约占 3 亿，其中有一半以上是在 20 岁之前开始吸烟。而青少年吸烟率约为 6.9%，尝试吸烟率为 19.9%，15 岁以下的被动吸烟者约有 1.8 亿。

在美国，有 90% 的吸烟者，在 18 岁或者 18 岁之前开始吸烟，26 岁以后，几乎所有吸烟的人已经开始吸烟了。青少年时期开始吸烟，往往在步入成年后会继续吸烟，并且开始吸烟的年龄越小，成年后的吸烟量就越大，烟草造成的危害也就越大，并且戒烟的可能性就越小。无论吸烟或是不吸烟的人，都知道吸烟有害健康，为什么还有这么多的人，甚至青少年加入烟民的队伍里？

【孩子抽烟行为的心理解读】

尝试心理和冒险行为

越是禁止的就越是有吸引力的。禁止，本身就是另一种强化，特别是对青春期的孩子。青春期是从少年到成年的过渡期，生理上，大脑发育尚未成熟，身体正处于加速发展时期。而在心理上，青春期的孩子正处于强烈的自我探索时期，他们想知道自己是谁，想知道自己是怎么一回事，自己未来何去何从。他们强烈地渴望不同，又强烈地害怕被同伴排斥。他们自认为已经长大、成年，但实际上他们的大脑发育不完善，注定了他们的不成熟。

不成熟的大脑，充沛的荷尔蒙让他们既冲动又忽略后果。吸烟让他们觉得是一种冒险行为，因为太多的禁止和吸烟联系在了一起，但这种冒险充满了刺激，满足了青少年的好奇心，从而增加了青少年吸烟的人数。吸烟的行为又代表了他们对成年的想象，错误的认知让他们将吸烟与成年联系在了一起。但同时他们因为年幼，又低估了香烟的危害性。

同伴影响

同伴群体在青少年吸烟活动中起到尤为重要的影响作用。他们极容易受到同伴的影响而开始吸烟，同伴的影响是行为改变强大的动力。同伴中有一半以上的人吸烟，或者有一两个好友吸烟，或者学校里吸烟现象非常普遍，将提高青少年吸烟的风险性。

宾夕法尼亚大学的研究成果表示，集体文化的人们更容易受到周围同龄人的影响。在数据上，集体主义国家中吸烟的可能性要比非集体主义国家高 2 倍。这个研究涵盖 16 个国家的数据，其中集体主义国家是中国、韩国、约旦和葡萄牙，个人主义国家则是美国、澳大利亚、加拿大、荷兰和英国，并且，亚洲背景的青少年会比欧洲背景的青少年更容易受到同伴的影响。

在同伴影响的研究中发现，比起较远的朋友，较亲密的朋友更有可能影响同伴开始吸烟，然而并不会因为亲密的同伴关系而让青少年持续吸烟，烟瘾的形成更多来自香烟本身。同伴效应对青少年影响尤为明显，因为孩子与同伴在一起的时间远超于与父母在一起的时间。

感觉良好

有研究显示，香烟可以给人带来一定的快乐，特别是当人感觉不愉快的时候。香烟可以帮助摆脱痛苦、恐惧、忧虑，可以让人忘记当下的紧迫情绪，放松下来，这是香烟中尼古丁的作用。尼古丁是香烟中的主要成分，它像可卡因和海洛因一样会让人上瘾。吸烟的时候，大脑释放一些化学物质让吸烟者可以从现实生活中解放出来，释放掉压力，所以它让青少年喜欢上这种放松的、自我感觉良好的感觉。

基因影响

新西兰、美国、英国的一些科学家做过一项关于严重烟瘾的基因风险的研究。他们对 1000 名来自新西兰的实验对象进行长达 38 年的观察，最终确认具有高遗传风险的个体在青少年时期更容易染上烟瘾，并且更容易快速成为严重烟瘾者，他们的烟龄更长，更依赖尼古丁，戒烟也更容易失败。

杜克大学的研究人员指出，遗传风险加速了烟瘾的形成，高遗传风险的青少年只要尝试吸烟就会迅速成为严重的烟瘾者。

除了基因的影响，亲友吸烟的行为也会对青少年起到“模范”作用，让青少年学习模仿。许多青少年吸烟是因为他们的父母就是吸烟者。如果他们的兄弟姐妹有人吸烟，更容易促使他们开始尝试吸烟。在心理上，他们认为这是一种趋同，只有做同样的事情，才会让他们感觉关系更紧密，虽然他们知道吸烟对健康不利。

模仿心态

虽然青少年并没有进入社会，但是他们也没有与社会完全割裂。他们通过互联网、电视、电影以及各式各样的媒体来了解这个社会，吸烟的画面也会输入他们的脑海中。

文艺作品经常会刻画一些吸烟的场景和吸烟的人物形象，艺术工作者们更多考虑的是刻画角色的需求，而不是过于凸显吸烟的行为，一般也不会考虑对青少年产生的影响。譬如，风靡一时的美剧《纸牌屋》中，男女主人公一起在窗边彻夜吸烟、畅谈的情节；王家卫电影里反复出现的忧郁的男主人公一个人安静地吸烟的形象……这些在艺术作品中堪称经典的桥段，对青少年的影响未见得是好的。青少年时期在追求同一性的过程中，在寻求身份认同过程中，很容易模仿他们认同的人。他们不会考虑吸烟行为的好与坏，他们只会认为这是“我”欣赏的人在做的事情，“我”如果这样做，就会更靠近“我”的偶像。

其他情况

有的青少年认为吸烟可以减肥

他们在感觉饿的时候，就靠吸烟来麻痹自己的神经，从而减少进食，让自己体重减轻，追求一种颓废的美——减肥带来的清瘦冷冽的外形，被烟草迷幻了的空洞的眼神。香烟的确可以短暂地麻痹神经，让人减轻对食物的欲望；但是从长远来看，吸烟并不能帮助减肥。

烟草过于方便易得

在我们国家，随处都可以买到香烟，虽然有法律规定，烟草销售点禁止向未成年人销售香烟，但是在具体执行的过程中，还是会有商家不遵守规定，仍然向未成年人销售香烟。香烟价格并不昂贵，3 元、5 元的香烟很容易买到，这对一个月有几百元甚至近千元零花钱的孩子来说，完全消费得起。

自 1996 年青少年吸烟人数达到最高点之后，进入 21 世纪来，美国青少年中吸烟的人数在持续减少。对于这个现象有众多的解释，譬如，香烟价格的提高、青少年接触香烟广告较少、更多的反对吸烟的宣传。越来越多的青少年表示他们知道吸烟有害身体健康，他们不但反对自己吸烟，也不喜欢自己周围的人吸烟，更不愿意与吸烟的人约会。

【家长该怎么做】

据调查，有 55% ～ 65% 的青少年试图戒烟，除了国家层面应该加大力度来防止青少年吸烟外，作为家长，我们该做些什么呢?

如果不想孩子出现吸烟行为，父母应该首先做到不吸烟，或者至少做到不要在孩子面前吸烟。

孩子往往对吸烟的危害认识不足，父母可以引导孩子深刻地意识到吸烟的长久危害。

父母将孩子的注意力从室内转向室外，让孩子多参加课余活动，特别是体育活动，有助于帮助孩子抑制吸烟的冲动。

跟孩子聊聊，了解他吸烟的真正原因。如果是孩子压力过大，要了解压力的来源，并帮助孩子学会健康减压的方式，譬如，运动、读书、冥想、交友，而不是闷头吸烟。

父母应该帮助孩子寻找一个新的爱好，来替代吸烟活动，哪怕是一起陪伴孩子饭后在小区里散步。

打骂孩子只会让孩子越走越远。

帮助孩子树立正确的价值观、价值取向，让他们逐渐意识到一个人的能力和魅力与吸烟无关。

鼓励孩子自尊、自爱、自信，自信的孩子更有自主思考能力，更清楚自己应该做什么、不该做什么，而不会随波逐流、跟风。

戒掉尼古丁很难，好在大多数青少年吸烟还尚未到形成烟瘾的阶段，但是我们也要清楚，在戒烟的前几天会感觉到烦躁、沮丧、疲倦，3个月一般是一个很大的障碍，很多人会在3个月的时候又把烟捡起来。

如果孩子决定戒烟了，要耐心地陪伴，与孩子一起度过这段艰难的时光。

第 6 节　赌博：离孩子并不遥远

赌博离我们的孩子很远吗？实际上并非如此。

什么是赌

赌是一种基于投机心理的娱乐方式，对不确定的结果下注，获得利益。赌场里的老虎机、俄罗斯轮盘、掷骰子是赌，可能离我们孩子很远，因为未满 18 岁的孩子是不允许进入赌场的。那么彩票刮刮乐、赌球、打麻将、打扑克是不是赌呢？电玩城里，推币机、娃娃机、钓鱼机，孩子在电脑上斗地主、象棋，或者任何一个通过比赛可以赢取一些道具、虚拟币、积分豆的游戏，算不算是一种赌？我认为这些都是赌的行为，都带有赌的性质。

什么是赌的性质

即便是被包装得很好的游戏，他们有亮丽的色彩、炫酷的外形、可爱的设计。设计者把奖品换成了奖券、积分豆；把掷骰子的随机过程换成了渔网、抓臂等按钮；把 3 个一样点数的骰子换成了卡通鱼、毛绒玩具……但是他们仍然逃避不了赌的根本属性：投机心态——以小博大、靠“利”吸引玩家、上手容易退出艰难。

青少年赌博是当今增长最快的成瘾行为。“与 1930 年代的酗酒和吸毒一样，青少年赌博是增长最快的瘾症。”有专家说。根据统计，在每 800 万个强迫性赌徒中约有八分之一也就是 100 万个是青少年，而几十年前，这个数字几乎是零。研究表明，有 4% ～ 7% 的青少年患有赌博成瘾，同时包括巨额债务、抑郁症、亲密关系的破裂，或者参与有组织的赌博犯罪。

【孩子沉迷赌博行为的心理解读】

过于容易得到的赌博游戏

电视、互联网、游乐场所让孩子们开始赌博，或者说让孩子们更容易开始赌博。青少年无须出示任何证明，都可以在家里坐在电脑前赌博。他们还可以通过观看体育赛事进行赌博。在中国，那些带有赌博性质的游戏机，自由地摆放在商场、电影院的等候区、游乐场所里，孩子们在父母的帮助下开始了人生的第一场赌局。

赌博是一种短效药

赌博是一种高刺激性的活动，它激活的神经和使用可卡因的效果一致。它让大脑还没发育成熟的青少年感觉既兴奋又刺激。它让青少年快速地可以释放掉压力、快速地带来乐趣，大多数赌博项目又不需要太多的技能，甚至不需要动脑。最重要的是，它还可以让孩子有一种快速致富的错觉。

赌博是一个社交活动

互联网的赌博模式，让很多小朋友可以边在线赌博，边与朋友聊天，或者他们可以约在线上，一起玩赌博游戏，既满足了他们的社交需求，又满足了青少年期的同辈竞争需求。而且非常方便，他们可以用电脑、手机、平板，在家里随时随地地开始活动。对 85% 的赌博的青少年来说，这是一种社交活动。

赌博的行为让他自我感觉良好

赌博是成人的行为，青少年渴望成人，他们会错误地认为赌博让他们更成熟。就像抽烟行为一样，赌博让他们有一种与众不同的感觉。特别是这种奖励机制——赚钱，让他们觉得自己很酷，更错误地以为这是自力更生的开始。

与个性有关

情绪化、易兴奋、易冲动而又寻求刺激的个性，会喜欢赌博这项活动。赌博这种带有刺激性的小概率活动，赌注与赢利的差额越大，就越富有刺激性和冒险性，就越可以满足这类孩子的心理需求。

逃避现实

赌博独自构成一个世界，这个世界里有朋友——赌友，有金钱——可以互动、可以赚钱、可以满足自己的心理需求，所以这是一个很适合逃避现实的活动。现实中解决不了的问题和压力，不想面对的人和事，都可以放下，躲在博彩世界里赚自己的金币，麻醉自己。

【家长该怎么做】

告诉孩子赌博的运作方式

赌博是博彩公司运营的一种方式，他们依靠赌博活动赚钱，所以十赌九输，长期获胜的可能性极小。买彩票中奖的概率更小（1500 万分之一的概率），甚至比被雷击中的概率还小（30 万分之一的概率）。

避免孩子因为无聊而沉迷于赌博

丰富孩子的业余活动，这是排解无聊、发泄精力最好的手段。

家庭对于赌博的态度要明确

家长对于赌博的态度会直接影响孩子。如果家长定期赌博，或者经常买刮刮乐、体彩，或者是在线斗地主等，都会给孩子一个错觉，认为赌博是一种正常的行为，并且总是在给孩子制造一种环境，让他们想模仿父母做的事情。而且家长定期赌博，会不断地给孩子传递信息——赌博是一种娱乐、赚钱的方式。

防范隐形赌博游戏

因为赌博的成瘾性，所以很多商家在设计游戏的时候，就会把赌博的因子注入游戏中，让孩子乐在其中，不断沉迷。而这种游戏大多隐藏得非常好，家长们很难识破。

最让人担忧的是，还有一些更隐藏的“赌”，存在我们的教育观里，譬如，把人生比喻成一场赌博、“赢”在起跑线、成功人士要敢于“赌”一次，很容易让青少年错误理解“赌”的行为，错误地追求“赢”的结果，形成错误的人生观。

人生是由一场场的赌博连接而成的，譬如求学、求职、结婚等，在我们做决策（下注）的时候，永远无法预知未来，每一个决策都承担（冒着）极大的风险。或许在某个层面上，人生的未知性和赌博结果的随机性具有一定的类似性，但是人生和赌博在本质上是完全不同的，“赌”的心态并不适合人生。

人生的确是由无数个未知的决策构成，每一个决策都有它的两面性，可以是正确的，也可以是不正确的。决策的正确与否完全取决于自己看问题的心态和决策以后的行动力，没有绝对的对也没有绝对的错。而赌不是，一场赌局，要么是输，亏掉资本，要么是赢，获得利益，没有中间模棱两可的地带。

人生的主动权掌握在自己的手中。如果我们在人生的每一步、每一次决策后，都踏踏实实地朝着目标努力走下去，那么最终结果“不是得到就是学到”——要么“得到”我们想要的目标，要么是在失去中“学到”经验。而赌博不是，赌的命运永远是被操纵在别人手里，赌徒是被运气牵着鼻子走的人，而是不自由的，因为他永远被欲望所束缚。

“赢”的教育。何为“赢”，何为“人生赢家”？要不要让孩子被“赢”的概念束缚？在我们小时候，千军万马过独木桥的年代，上大学就是“人生赢家”。待我们考上大学时，大学年年扩招、本科生越来越多，本科毕业找工作都困难，更别提“赢家”二字，“赢”的概念早已经变化了，那我们就“输”了吗？十年以后，大学同学再聚首，有的同学自主创业，有的同学留校读博，有的同学国外安家，有的同学在企业踏踏实实工作，哪个人“输”了？哪个人又“赢”了？“赢”永远对照着“输”，有“赢”就要有“输”，可是人生哪有那么非黑即白的简单结论，这是一种极端主义的思维模式，容易让孩子认为人生只有那么几个选项，限制了孩子的发展。

成功的人要敢于“赌”一次，这种宣传更为常见。史玉柱——人生是一场豪赌；唐万新——用生命去赌，一定最精彩；赌徒胆大，敢于下注，想赢又敢输，这是创业精神……这种描绘似乎使人认为每一个成功的企业家、成功的人士，都要有这个“惊险一跳”的举动，要有“赌徒”的心态，这些片面的宣传很容易误导孩子。

我们无从知晓成功的人到底是怎么成功的，我也不认为成功是可以复制的。我只是知道，根据人的心理，越是强调的，就越是缺乏的。看起来的勇敢自信，内心里却藏着一样的恐慌和犹豫不决。媒体给到的永远是被包装过的光鲜的一面，我们获得的内容，永远是成功的那一个。我更愿意相信一些数据，在美国的一项研究中，在追踪了美国范围内有代表性的 5000 多个企业家后得出：那些继续从事本职工作的企业家，创业的失败概率要比辞职创业失败的概率低 33%。因为从事本职工作在创业初期可以帮助企业家分担风险，减少后顾之忧。

第 7 节　酗酒：被忽视的危害

酒是人类最古老的食物之一，它的历史几乎与人类文化史一同开始。在中国，文化与酒是分不开的。在三千多年前，从商周时代开始，酒伴随着中华古老的文明一同发酵至今。从文学、艺术作品、饮食养生，到娱乐庆典，在中国人的生活里，酒一直占据着重要的地位，广泛融入我们的生活。

在西方，酒也是日常生活中的必需品。世界十大爱饮酒的国家中，英国名列前茅，第二名就是中国。可见，酒文化不仅属于中国，也流行于世界。

而我们的孩子，就在这样的酒文化中长大，包括我自己。我国至今在民间有给婴儿“开荤”的习俗，由高寿的老人，用筷子蘸取食物喂宝宝，边喂边说吉利的话，希望宝宝可以从此吃好、喝好，健康长寿。酒，就是其中的一种，代表“吃点酒，天长地久”。孩子长大了，可以跟父母共餐的时候，餐桌上，难免会与酒“狭路相逢”。有的家长自己边喝，边跟孩子说“你还小，这个不可以喝”。有的家长会用酒逗孩子，拿筷子蘸一点酒，看着孩子被辣的表情，感觉非常有趣。上学之后，学得最多的唐诗里有许多会提到酒，最出名的诗人，都是边喝酒边写诗。电视剧、电影、流行歌曲里更是充斥了酒，酒伴随着孩子长大。

我们没有办法把酒和孩子的成长彻底割裂。在北美，酒只在指定的区域售卖，买酒需要出示身份证，酒仍然是美国青少年使用最广泛的物质，酒在青少年中十分普遍，有 71% 的学生尝试过酒精饮料，有 54% 的学生报告说，他们离开高中时至少喝一次酒，16% 的青少年报告他们至少有一次醉酒，酗酒仍然是青少年的主要瘾症之一。

在我们国家，对于青少年饮酒没有明确的相关法律限制，青少年饮酒也非常普遍，有研究显示超过一半（52.5%）的中学生曾经饮过酒，15% 的中学生喝醉过，26.5% 的学生在 10 岁以前就尝试饮酒，饮酒低龄化严重。

【孩子喝酒行为的心理解读】

酒是一种镇静剂，它可以帮助大脑放松下来，麻痹神经。它会给人带来快乐。饮酒之后，青少年会变得更加健谈，甚至更加有自信。饮用过多的酒精时，会让人头脑发昏、反应力变得迟钝、行动力不受控制、判断力会下降。虽然有的孩子表示他们最初喝酒的体验并不愉快，并不喜欢酒的味道，但是他们仍然会被酒精吸引。

酒精的危害

酒精对青少年的身体是有危害的。青少年越早饮酒，在成年之后越容易面临酗酒问题。青少年大脑发育尚未完善，饮酒后，不仅神经反射速度变慢，也会对脑细胞有不可逆转的损害。研究表明，虽然青少年个体对酒精的代谢能力、分解能力各不相同，但是酒精对中枢神经系统和大脑发育的不利影响是一致的，会造成学习效率降低、学习成绩下降。

青少年饮酒的原因

青少年饮酒，并不是单一因素导致的，从个人、家庭到社会及文化，都对青少年饮酒有所影响。

对青少年个体来说，酒是一个一直存在于生活中的、无法忽略的事物

青少年情绪变化强烈、行为冲动、追求不一样的感觉。他们对酒充满了好奇，虽然被告知酒的危害，但这更让他们充满了冒险感，想要尝试一下。特别是，他们大脑中自我控制、评估风险的部分直到十六七岁才会发育充分，所以，他们并不能充分评估酒对他们的危害，更难抑制自己的冲动。他们并不是尝试一口而是尝试一次宿醉。在美国，学生有“drinking to blackout”文化，即学生有意喝酒喝到断片，忘记一切。有学者曾对这种文化进行描述，并发表在纽约时报上：学生缺乏其他的活动，用价格低廉且容易购买的酒精来解放自己的压力。

同伴对于青少年的影响是双边的

同伴经常饮酒、酗酒会对青少年饮酒有影响，而同伴好友劝说又可以帮助孩子不再继续饮酒。有研究发现来自同伴的压力与青少年饮酒有着极其密切的联系，同时研究还显示，参加学校活动和校外活动与青少年更少的饮酒有直接联系。

青少年自认为饮酒对其社交和人际关系有帮助

特别是当青少年进入一个新的环境之后，譬如升入中学、大学，在酒精的刺激下，可以让他们更容易建立互动和交流，让他们可以暂时放下学业压力和内心戒备，让他们更健谈、更容易建立可以交流的话题，感觉更亲密。

饮酒让青少年感觉更成熟

青少年渴望被像成人一样对待，他们不断地想去证明自己不再是小孩子。我们反复在强调喝酒是大人的事儿，那么喝酒对孩子来说就是证明自己长大了的一个途径。

家庭是影响孩子与酒的关系的因素之一

父母或者兄弟姐妹的饮酒习惯对孩子有直接的影响，父母或者年长的兄弟姐妹有习惯性饮酒的家庭，孩子饮酒的比例较高。当父母在家中举杯庆祝的时候，就是在给孩子树立“榜样”的时候，父母用行动在告诉孩子，酒是家庭生活的一部分。孩子虽然不一定会听父母的话，但是他们会照抄父母的行为。同时我们还发现，酗酒的青少年通常家庭不幸福，没有与父母建立安全型依恋关系，父母的管教方式不当又或者对子女关心不足、监督不够，或者父母没有明确的强调饮酒的危害而默许孩子饮酒。

生活环境的影响

酒是一种商品，它的制造商和经销者通过一切可能的途径在贩卖他们的产品，这些不断地煽动着青少年，让他们跃跃欲试。同时，我国酒类购买方式非常便利，无论是学校周边、超市、商场、互联网，酒无处不在，青少年可以轻而易举地用低廉的价格买到酒。

【家长该怎么做】

那我们能做些什么来帮助我们的孩子正确地对待酒呢?

建立正确的“饮酒观”

酒不是不可以喝，只是不适合青少年喝、不能过量地喝。我们要清楚，孩子迟早有一天会喝酒，我们不可能禁止孩子喝酒，这不但没用还会起到反作用。我们需要让孩子知道，酒是什么，酒的好处和危害性、何时可以喝酒以及怎么喝酒，帮助孩子建立正确的饮酒态度和价值观。

家长的榜样行为

在家中，家长应该为孩子做出榜样。如果孩子尚未成年，就不要在孩子面前饮酒，不要让孩子觉得酒是生活的一部分。如果家中存放酒，也不要放在过于明显的位置，避免吸引孩子的注意力。不要给未成年的孩子提供酒，哪怕只是尝试。这是在用行动告知孩子自己的底线。

告知孩子酒的危害

家长需要跟孩子谈话，像对待成人一样，向他们介绍酒、介绍酒文化，让孩子了解酒的好和过度饮酒的不好。孩子往往低估酒的风险，让孩子知道酒精对他们的行动力、判断力的危害。

明确底线

告诉孩子你对他的饮酒的期望，也告诉孩子自己的底线，并且严格遵循标准来要求孩子。详细地讲解如果喝酒了、喝醉了会产生怎样的后果，应该采取怎样的措施来防止发生危险。特别是在孩子即将上大学的时候，这些酒的安全须知需要及早让孩子了解。譬如，不要与陌生人一起饮酒、不要暴饮、开车不可以饮酒、空腹不要饮酒、喝热水有助于酒精代谢、不要被迫饮酒、如果感觉不舒服一定要停止，让孩子知道如何保护自己，如何控制饮酒，如何拒绝。

让孩子感觉幸福

根据积极心理学的研究显示，青少年幸福指数增高，饮酒行为会减少。如何让孩子感觉幸福？家庭的温暖、父母的关心、充分的社交活动、兴趣爱好得到发展、人际关系和谐、个人目标明确、抗挫折能力变强、积极的心态、乐观的态度都对孩子提升幸福感有所帮助。

如果有可能，积极地参与孩子的生活，了解孩子的喜好，知道孩子在哪里，会跟谁在一起。多认识孩子的朋友，与孩子们打成一片，尽可能让他们远离那些喜欢喝酒的同伴。

第六章

性爱篇——成人世界的初体验

第 1 节　接吻：总比预想中要来得快些

闺蜜 5 岁的女儿小萱从幼儿园回家之后告诉妈妈她已经结婚了，惊讶一定多过惊喜，那个男孩是谁？这是什么情况？

详细地听完之后，我们知道，男孩是小萱同班最好的朋友。他摘了今年的第一朵迎春花给小萱，还亲吻了小萱的手。

上次几个妈妈聚会，又一个闺蜜非常不好意思地说，她发现她女儿小贝有不同的男朋友。因为她去幼儿园接孩子的时候，几次发现她跟不同的男孩子亲吻。

孩子的成长往往比我们预期的要快一些。当我们看到她蹦蹦跳跳地走进幼儿园和她的好朋友们拥抱的时候，我们早就该有准备，亲吻迟早会来的。

在孩子小的时候，我们用行动教会他什么是拥抱、什么是亲吻，我们经常拥抱他，鼓励他亲亲妈妈，亲亲他喜欢的小熊，甚至在他第一次用小嘴贴在妈妈的脸颊时激动地流下眼泪，可是到了孩子 5 岁的时候，突然开始担心孩子这些亲昵的举动，这是为什么呢？

【孩子与异性接吻行为的心理解读】

幼儿期的接吻

3个月大的婴儿，当母亲对他微笑的时候，他就会用咧嘴笑来回应妈妈。在孩子6个月左右的时候，他就会向喜欢的人示好。比如，当他看到喜欢的人的时候，他会先发出声音，来吸引对方的注意，然后他会主动地凑上前，伸出手，向对方示意抱抱；又或者凑到他旁边，紧贴着对方，在对方的身旁蹭蹭，直到对方将他抱起来。这是一个婴儿自然的情绪表达，毫无掩饰。对一个四五岁的孩子（特别是学前）来说，亲吻他喜欢的人，是一个正常的情感表达，这些都是孩子在逐渐地练习、逐渐地学会感情表达的过程。

孩子在亲吻彼此的时候，并没有我们头脑中的爱情的概念。他们充满好奇心和具有模仿能力。当他看见过父母彼此表达爱意，彼此接吻，他或许就已经把接吻当作是找到喜欢的男（女）朋友应该做的事情，然后他就默认他们结婚了。

他们除了会看到父母之间的亲吻，在电视上、电影里一样会看到类似的亲昵的动作。这些都在告诉孩子，这是一个可以接受的行为，这是表达喜欢和爱的一种方式。

青春期的接吻

到了青春期，孩子们对异性的认识又会到了一个新的阶段。

他们不仅身体上发育，心理上也发生了变化。他们开始关注异性，开始期待获得异性的关注，他们真正意义上与异性的初吻可能也会发生在这个时期。

每个国家因为文化的不同，孩子的初吻年龄也有很大差距，据统计，在美国，孩子的初吻发生的平均年龄在 15 岁；日本一般在 16 ～ 19 岁；中国据说是 23 岁。

我们国家把青少年时期孩子还没有完全发育成熟的这段时期的恋爱称为早恋。当我们发现孩子跟异性接吻时，无疑这是孩子早恋最直观的信号。

在我们七零后、八零后上学的时候，这是坚决杜绝的行为，也是要被老师、家长批评的。

相对于国内，把青春期男女之间的这种懵懂的“爱情”称为“早恋”“恋爱”，我更喜欢英语里的描述。他们把这种关系称为“relationships”“Romantic relationships”。他被描绘成一种青年人之间的浪漫的关系，这种浪漫甚至是不切实际的，或者完全是停留在头脑中的并没有付之于行动的，或者仅仅是一种社交关系，而并不是真正意义上的爱情或者是恋爱。这个词更能够表达青春期孩子对于异性情感的多样性和不定性。

青春期无疑是变化最强烈的一段时期。9 ～ 11 岁，孩子开始对除了家人外的朋友们更感兴趣了。他们愿意独自跟他们喜欢的朋友在一起玩。10 ～ 14 岁，孩子们会形成混合性别的小帮派、小团体，这帮助他们有更多的机会在非正式的环境中彼此了解，最终形成亲密的友谊关系和恋爱关系，这时小团体形式也就开始解体。15 ～ 19 岁，恋爱成为社交生活的中心。孩子们在这段时间里，不断地通过另一个人来了解自己，他们或许会花费大量的时间来思考或者学习如何和异性相处，如何在这段关系中懂得异性、学会尊重和妥协，甚至是责任。这段关系可能是很短暂的几周、几个月，或者是几年，甚至有的孩子把这段关系延续成了婚姻。

青春期的孩子对这种恋爱关系是充满了幻想和理想化的。他们会把另一半想象得极为完美，会认为对方是最特别的那个。根据研究，他们并不是像我们想象的在追求一种依恋或者满足自己对性的需求，他们更看重这段关系给自己提供了一次探索自己的机会，学会如何恋爱。直到他们掌握了一些与恋爱对象交往的基本能力之后，他们才会开始考虑性的需求。

一项对 14 ～ 19 岁青少年的研究发现，那些没谈过恋爱的青少年比那些恋爱或者约会中的青少年表现出更多的社交焦虑。同时，研究者也发现，更多的青少年愿意等到自己长大才与别人发生性关系，但是他们会尝试一些性行为，譬如接吻或者更亲密的性尝试行为。所以，青春期的恋爱并不可怕，可怕的是我们没有让他们知道该如何保护自己。

【家长该怎么做】

对于幼年宝宝出现这样的行为，妈妈们不要过于紧张，说明孩子的情感在逐渐丰富，也说明孩子的情绪表达能力非常健康。这是一个好的现象！

这还是个好的机会。3 岁左右的孩子已经获得了基本的性别认同，开始寻求有关性别差异的知识。特别是在孩子们开始用喜欢、结婚、男女朋友这样的词来形容自己的一些关系的时候，这是对孩子进行性别认知和性教育的好时机。

根据我们国家的风俗习惯，妈妈们可以对孩子的亲吻行为进行适当的引导。我们可以跟孩子说，亲吻是家人之间对喜欢和爱的表达，孩子和父母之间、父母之间、家里几个孩子之间的一种情感表达。特别是，当孩子开始上学前班，或者上小学，就会有类似的行为要求，这个时候，父母要表达自己对这个要求的认同，这也是在告诉孩子自己的态度。

对于为什么要对亲吻的行为进行限制，我们也需要给孩子一个解释。譬如，不是所有的孩子都会喜欢亲吻这个行为，或许牵手更容易让对方接受。但是无论哪种行为，我们都需要先获得对方的许可。

每个国家对接吻这个行为的解释都不太相同。这也是一个好的机会，给孩子介绍不同国家的接吻行为所代表的不同含义。

随着孩子长大，他们对接吻这个事儿有完全不同的态度。在孩子上小学后，他们会有一段时间极为反感接吻这个行为，比如，他们看到电视上有接吻镜头的时候，会觉得恶心，甚至不想让父母当着别人的面亲自己。这就是他们逐渐开始性别意识敏感期，他们进一步内化自己的性别意识，开始出现排斥异性，对异性出现刻板印象。譬如，小男孩会觉得小女孩爱哭、事儿多，不会跟小女孩说话，远离女孩，觉得跟女孩玩是丢人的事情。直到他们的青春期到来，家长们又要开始担心了！

如果我们的孩子开始了一段浪漫的关系，这也是一个好的时机。如果我们保持开放的态度，孩子会更愿意跟我们分享他在这段关系中的收获，同时我们也更容易告诉孩子，如何做好对自己的保护和保护他浪漫关系的另一半。

对待他这段不同寻常的关系，就好像对待他的友情一样，保持开放、包容和尊重的态度，因为这段关系并没有错，这也是孩子在学习如何对待异性和亲密关系，是孩子成长的一部分，也是他的必修课程。

帮助孩子规划他的时间。和孩子一同讨论如何合理地分配时间：功课、亲密关系、体育锻炼，给他提出要求并告知自己的规则和违反规则的后果。

如果孩子在这段关系中感觉到紧张和压迫，那么这不是一段健康的有益的关系，或者他并没有准备好，或许他不知道该如何结束。那么我们可以通过分享自己的经历，来帮助孩子从这段关系中走出来。孩子可能需要一段时间和空间，来消化自己的这段关系。我们适时地帮助孩子学习如何看待这段结束的关系，倾听孩子的需求，给孩子一个肩膀。

第 2 节 自慰：满足性需求的正常方式

“我想知道可不可以自慰，我经常自己解决，这很方便，而且让我感觉非常好。我在网上查，很多人认为这是错的、不干净的。我非常想知道这个行为是正常的还是不正常的。”

——一个年轻网友的留言

自慰又称手淫、自淫。是指自行刺激性器官而获得性快感或者达到性高潮的行为。

有一些对自慰持否定态度的观点，认为自慰会影响身体健康，譬如：

自慰会阻碍性器官的发育；

自慰会影响生育能力；

自慰会影响视力；

自慰会得性病……

在美国，1968 年之前，自慰被认为是一种心理问题。在中国，中医有房劳肾虚的说法，意思是精液是人体的精华，房事过多，会导致人精神焦虑。

但是，从现代医学观点认为，自慰是一种性健康及心理上的正常习惯。自慰者通过自慰来满足自己对性的需求，是完全正常的。自慰可以释放来自性的压力，同时也让人从精神上得到释放。

英国的一项调查显示，16 ～ 44 岁的人群中，有 95% 的男性和 71% 的女性存在自慰行为。2000 年，对中国内地 38 所大学的 15000 名学生调查发现，有 58.4% 男生和 24% 的女生有过自慰行为。2015 年，中国性学家潘绥铭对 18 ～ 61 岁中国公民进行抽样调查，有 64.5% 的男性和 22.6% 的女性有自慰行为。但是这些报告大部分数据来自人们的自我报告，很多人不一定会如实地填报。

某种意义上，自慰具有普遍性。

【孩子产生自慰行为的心理解读】

性驱力的影响

在心理学界，弗洛伊德对自慰有自己的观点。他认为婴幼儿身上也存在性欲，或者称为性驱力（力比多），是使人生长、走向成熟的与生俱来的原动力。婴儿的性冲动对象是自己，他们可以在自己身上获得满足。譬如，他们身体上不同的地方，需要通过吸吮或者摩擦等方式获得满足。所以我们有的时候会发现，婴儿会出现抚摸自己的性器官的行为。虽然他们对待性器官与对待脚趾头没什么分别，但是这可以使他们平静。

弗洛伊德根据他的性心理发展学说，将幼儿的自慰分为三个阶段。

第一阶段：婴儿的哺乳期。婴儿通过吮吸来满足自己的口欲。

第二阶段：幼儿 4 岁左右。这个阶段幼儿的性冲动重新被点燃，力比多的关注点在性器官上，幼儿出现各种形式的刺激性器官行为，与成人自慰不同的是，他们并无性意识和性交意愿及性生理反应。如果精神力量等阻力没有出现，这种性冲动会伴随自慰行为，一直持续下去。

第三阶段：青春期自慰。男性的梦遗和女性月经初潮。由于身体的激素分泌系统快速发展，青少年的性器官开始成熟，他们开始对异性感兴趣，他们开始有性的幻想，自慰行为也越来越多，这也是真正意义上的自慰。

弗洛伊德认为自慰是心理发展模式的必经阶段，是一个人必须经历，并且要以正确、有序的方法实现超越的一个阶段。

自慰是一种探索

儿童在一定年龄的时候出现自慰的行为，是对自己身体的一种探索，也是逐渐对自己身体熟悉的过程。“自慰是一种精神上的安慰。自慰产生的激素和神经递质释放可以减轻压力，让人感觉放松，帮助提高睡眠质量，并且改善情绪，舒缓紧张。”心理治疗师纳丁·皮埃尔·路易说。

儿童从幼年起一直对性有好奇感。在青春期的时候会到达一个小的高峰。青春期的到来，让他们对异性充满了朦胧的幻想和渴望，他们对性这个未知的事物产生了无限的遐想，自慰刚好可以满足他们的需求。自慰在青春期作为性生活的一种替代品，让青少年们可以不必打扰任何人，在自己认为安全的情况下，满足自己的欲望。

自慰本身并没有害处

自慰本身并没有害处，但是不当的自慰就会对人产生伤害，这也是家长需要留心的事情。譬如，自慰过程中没有注意卫生，很有可能会给生殖器带来感染和损伤。

还有一种观点认为，自慰本身没有害处，但是由于社会环境的影响和自慰者的心理作用，反而会给人带来伤害。自慰者在自慰过程中的不安与羞愧的情绪，会与自慰带来的快感不断地产生冲突和矛盾，会让自慰者长期处于这种矛盾中而出现病态的行为举止。

自慰更容易发生

虽然自慰对于人精力的损耗和正常的性交无法进行横向比较，但是自慰相对于性交来说，更容易发生，也更容易让人发生纵欲过度的情况。特别是青少年，他们的好奇心和旺盛的荷尔蒙交叠在一起，但是他们的控制能力可能又很差，很容易沉溺于自慰，过度的自慰会让身体出现问题，比如，神经衰弱，男孩可能会出现阳痿、早泄，女孩可能会对生殖器官造成伤害，或者日后正常性交难以达到性满足等危险。如果自慰形成瘾症，那么这种成瘾行为，很可能会成为未来亲密关系中的绊脚石。

【家长该怎么做】

避免强化

对于幼龄孩子抚摸生殖器的行为，家长不用太担心，这与孩子吮吸手指一样，是一个阶段性的活动，随着孩子年龄的增长，他们的兴趣会逐渐转移。所以我们可以做的，就是不要对这个行为进行强化。不要指责与批评孩子，不要让孩子觉得自己的行为羞愧难当，这样反而会让孩子对自己的性器官和未来的性行为产生偏见，而且会强化抚摸生殖器的行为。同时我们应该告诉孩子，自己的生殖器不应该随便给别人看，这既是对自己的保护，也是对其他人的尊重。

指引性引导

对于青春期的孩子，无论我们是否发现孩子有自慰的行为，在孩子进入青春期之后，我们都应该有这样的心理准备，孩子已经逐渐长大，与其等待孩子自己摸索，身为父母不如给孩子一些指引和信息。

示意自慰是可接纳的行为

如果发现孩子可能存在自慰的行为，千万不要给孩子灌输“性恶论”的观念，这会让孩子走入另一个误区，觉得性和性交是罪恶的，是不对的。这个时候，如果可以，不如由同性家长出面，给孩子一些暗示，示意他这是一个正常的可以被接纳的私人活动，并不适合在公共场合发生，可以独自在房间里完成。

青少年的精力异常旺盛，而他们的内心世界又被荷尔蒙刺激得异常丰富。他们有太多太多的情感，需要倾诉、排解，而我们现在的家庭大多数又是一个孩子，孩子很难能找到同伴去诉说自己内心的情愫。这些感情就不断地积压，让孩子越发躁动不安。

体恤孩子

家长在这个时期，应该更加体恤孩子的情绪，更加关爱孩子的内心，让孩子能够感觉到父母对自己的关爱和家庭的温暖。如果可以，适当地带孩子多出去走走，多参加户外活动，白天多安排一些体育活动来消耗他们的精力，或者帮助孩子培养自己的兴趣爱好，例如，读书、听音乐等，都可以适当分散孩子对性的注意力。

避免给孩子穿过于紧身的衣裤

尤其不要给孩子穿过紧的内裤，给孩子穿棉质、宽松的内裤，有助于减少性器官的局部刺激。家长也要尽量减少跟异性子女的亲密接触，这些接触都会刺激到躁动期的孩子，让他们想入非非。

另外，让孩子养成良好的作息习惯。孩子的自慰行为基本都发生在床上，养成早睡早起、按时睡觉的习惯，有助于控制孩子自慰行为的次数，防止他们沉溺于自慰，影响身体健康。

第3节 色情：缺失性教育的副产品

“我们上学的时候，性教育就是生理卫生课，男生女生是分开进行授课的。学男性内容的时候，只有男生上课，学女性内容的时候，只有女孩上课。”——某网友

“前几年，我们课题组（儿童性教育课题组）出版了一套《小学生性健康教育读本》，被一些小学选作了性教育的教材，结果却遭到非议。”——某网站

“小学、青春期性教育至今未被列入课程大纲，性教育在正规教育体制中形同虚设。”——某报纸

“在中国，长期以来‘性’都是一个禁忌话题，直到现在，很多父母仍然不知道如何跟孩子开始‘性’的话题，在学校里，性教育课程的普及更是难上加难。”——某高中老师

在中国，关于性的话题一直是保守的。我们一直避讳在孩子面前探讨性的话题。

“妈妈我是从哪来的？”“垃圾桶里捡的。”

这是最常见的一种“性”话题的回避。

相对于学校、家长们的保守，网络媒体更容易满足孩子们对性的需求。在美国，性几乎随处可见，电影、电视节目、网站甚至广告都在利用性来吸引着人们的关注，20岁以下的青少年，有

40% 上过 40 万成人网站中的 1 个或者更多。在加拿大，越来越多的青少年上网寻找色情读物、照片和色情视频。

国内学者潘绥铭等人对大学本科生的调查发现，想看描绘性交的图像材料的人高达 68.2%。这仅仅是调查结果，我们都知道，在做答卷的时候，有多少人会对自己的行为和内心需求进行隐瞒。

【孩子喜欢“色情”文化行为的心理解读】

人之初性本色，性是一个贯穿生命的话题

精神分析认为，性本能是人类一切心理活动的内在动力，性欲及其能量生来就存在于婴儿体内。虽然，“性本能”学说从出现以来一直饱受争议，但随着人们对性的认知，已经逐渐被学者们接受和支持。

被公认的内容是，“性”在青少年时期，逐渐走向了生活的主题。到了青春期，青少年的性意识逐渐觉醒。青春期的心理主题与性无法分割：孩子们开始关注自己变化的身体；开始好奇自己是否有吸引力，特别是性吸引力；他们开始有意去接近自己感兴趣的异性，甚至开始产生性幻想。他们从无性的童年，走向完全性成熟的成年，性对他们来说充满了神秘。

性总会到来

我们无法阻止青少年对性的冲动和好奇，就如同我们无法阻

止青少年的青春期到来一般。而且我们还需要面对的是，随着当代年轻人性成熟得越来越早，连带着青少年的约会、性行为都可能会随之提前。

对他们如此有魅力、如此吸引他们的“性”，在我们这，却一直保持缄默。学校、家庭都没有给予他们想要的信息的时候，他们开始了“自食其力”。

对女孩来说，她们在翻阅杂志、字典、科普书籍后，她们会认为这样的内容既保守又缺乏愉悦性，她们更倾向于寻找有情色描绘、故事情节的小说，这更能满足她们对性和爱的同步需求。她们被小说中浪漫的爱所吸引，书中对性的描绘也适合女孩们“浪漫”的头脑，让她们可以浮想联翩，满足头脑的性需求。

男性对性的关注远超于女性。书籍和科普已经没有办法满足男孩的需求。对男孩来说，这些内容太乏味而且脱离实际。他们需要的是如何“做”、怎么“做”。色情电影、图片可以满足男孩们对视觉、感官的刺激，同时，他们对真实的性交场面格外感兴趣，因为这可以帮助他们学习在“性”中如何占据主动，教会他们如何“做”，怎么“做”。

而这一切，在互联网出现之后，变得更加便利和简单了。从网上获取色情作品就像在百度上搜索“番茄炒蛋怎么做”一样简单。

在韩国会有类似“成年礼”的行为，即男孩子到了 18 岁，会在年纪稍长的男性同伴带领下去观看色情片，甚至带到色情场所接受“震撼教育”，这种情形在高中或者大学很常见。男孩们多数是瞒着家里的妈妈、姐妹或者女友进行的。

而到了大学，女生们也按捺不住内心对真实“性”行为的好奇和渴望，甚至会出现寝室内集体观看色情电影的行为。

我想我们现在的行为有时就像一只鸵鸟一样，或者说是掩耳盗铃。我们不讲，不代表孩子不知道，我们不去面对，不代表孩子不会自己面对。当有的网站在讨论情色电影的时候，我们还真的能继续做鸵鸟，以为孩子真的就一心只读圣贤书吗？

【家长该怎么做】

我们该怎么做？该不该限制孩子看“色情”网站？不仅是“色情”网站，电影、音乐、漫画、杂志，这么多形形色色充满了成人内容的素材，我们该如何做才能既保护我们的孩子，又不过分地限制孩子？

社会学习理论认为，人类的大部分行为是通过观察学习而获得的。创始人班杜拉的波波玩偶实验进一步向我们展示了人类的攻击、暴力行为的学习过程和儿童模仿的能力。“性”本身是无罪的，孩子渴望了解“性”的欲望也是可以理解的。然而“性”被商家、不良分子利用了之后，加工而成了“色情”内容，而这些“色情”内容中不乏性暴力、性虐待、性侵犯等不良内容，这无疑会对模仿能力超强、分辨是非能力较差、缺少社会经验的青少年带来不良的影响，我们不能放任孩子在色情内容中肆意畅游。

任何我们所看到的“不良”行为实际都是“果”，我们需要去寻找形成行为的“因”。

孩子获取的色情内容，无论是书籍还是影片、图片等视觉影像，都是一种虚幻的内容。如果孩子沉迷于此，说明这种虚幻的内容除了满足了他们的好奇心，更让他们感觉到了“舒适”，让他们不想离开。这种“舒适”就是对现实的逃避。现实是什么？现实就是他们每天面对的生活——学习、社交、家庭。他们可能是在“现实”中找不到存在感——他们只是一味地为了学而学，缺少人生目标；他们可能是在“现实”中遭遇挫折——他们渴望爱情和性，但是他们缺少勇气或者被他们心仪的对象拒绝；他们可能是在“现实”中无能为力——他们的家庭残缺、父母无休止的争吵，让他们只想逃避；或者他们只是因为无聊或孤独。

“我感到孤独，当我孤独的时候，我就决定去看色情片来陪我。”一位18岁的女孩说，“我试图停下来，但是我又控制不了自己，我也不好意思告诉我父母。想停又停不下来，我感觉我被困住了，以至于我想结束我的生命。”

“我通常会在考试前看。我也不知道为什么，我越是发誓要去学习，越是感觉有太多的书还没看，我反而会去看这个，不止两三个小时，有的时候会看一夜。”

所以，如果孩子们沉迷于色情内容无法自拔，我们只是一味地制止，只能是治标不治本，我们需要找到孩子在现实中想要逃避的问题，才能标本兼治。

其实在孩子幼年期，我们就可以对孩子的“性”有计划地进行引导，早一点建立探讨“性”内容的开放关系，更有助于青春期时与孩子开诚布公的沟通。我们同样可以利用“互联网”这个双刃剑，当孩子问我们“我是从哪来的”，我们可以与孩子一起观看制作的非常精美的网络科普视频。

让孩子以正确的方式接受性教育、接受正确的性教育，是我们家长无法放弃的责任，也是积极面对的生活，这是对孩子最好的保护。

在孩子成长到青春期的时候，我们要“疏”而不要“堵”，与其要孩子自己去寻找不良内容，不如我们以开放的态度，主动和孩子谈论“性”话题，主动了解孩子对“性”的关注动态，帮助他们获取优质的“性”学习内容，防止他们被不良内容误导。

关注孩子的情绪变化，不去强化“早恋”“性行为”等内容。每一次碎碎念都是一次强化。如果我们不想孩子过早地谈恋爱，过早地发生性行为，一味地跟他们强调“谈恋爱”“性行为”的坏处，只会让他们更有“欲望”去尝试。我们倒不如退一步，去跟他们做朋友，去跟他们分享自己初恋的那些故事，更容易让他们从中“学”到内容。

最终也是最重要的，我们还是要回归“信任”。我们要信任孩子自身的“免疫力”，就如我们信任人类本身的进化能力一样，相信我们的孩子，他们已经成熟，他们有自己的辨别是非的能力、有自己的思想，他们也会像我们当年一样，从“污”中走出来，走向自己的“性”福生活。

第 4 节　恋物：将性满足与物品联系在一起

大学女生宿舍里，夜晚一个黑影闪过。

第二天女生们发现，自己晾在晾衣房的内衣不见了，不止一个女生，好几个女生都发现了这样的事情。

经过反复侦查，最后，一个神态恍惚、带着厚厚眼镜，平时最老实最不爱说话的男孩，被抓住了。

“变态！偷这些东西！”

电影里，特别是恐怖电影里总会有这么一个奇怪的“变态”，他们通常体态清瘦，话少、安静、低调，是大家印象中的老实人、平常人。但是他们可能也是楼道里反复出现的黑影、勒死少女的元凶、精神崩溃的病人，警察打开他的家门，发现家里藏有大量女性的内衣、丝袜、鞋……

这就是文艺作品里对“恋物癖”男孩的描绘，这种“变态”的刻板形象印在很多人的头脑中，随时可以唤起。

疯狂地迷恋内衣、丝袜、鞋，或者是身体的某个部位，甚至不惜偷窃、偷拍，他们对异性本身没有兴趣，反而这些异性的物品或异性的某个器官会激起他们的兴奋、获得性满足，这些属于一种性心理障碍，多见于男性。在美国《精神障碍诊断与统计手册》（第 5 版）中，这种行为被称为“恋物障碍”。

【孩子恋物癖行为的心理解读】

虽然我们没有办法确切知道恋物癖的成因，但是可以明确的是，恋物癖不是遗传的疾病，它与所有的瘾症（赌博成瘾、吸烟成瘾、手机成瘾、游戏成瘾）一样，恋物癖本身与道德无关，也并不是所谓的心理“变态”，他们只是将性的满足与物品联系在了一起。

与前文提到的“啃咬癖”“拔毛癖”类似，恋物癖本身并非是病态的，但是由于外在的社会环境和道德观让孩子感觉自己有问题。他们一面感觉自己的行为非常不堪，一面又不断地因为这个“物”而感受到兴奋。因为对这份兴奋的渴求，让他们很难控制自己的行为，甚至有的孩子会铤而走险，去偷窃、偷窥。从恋物癖衍生出来的偷窃、偷窥行为，让孩子更认为自己是道德败坏的，是不好的，是对不起父母的。他们自责的同时又控制不了自己内心对性和这种性排解方式的渴求，这种自我内心不断的冲突和矛盾，造成了心灵上的扭曲，长期内心得不到调解。不但影响了孩子的学业，还非常容易形成抑郁，这是这种行为隐藏的危险。

恋物癖这种行为通常在青春期发作，但是很多研究者认为，它是幼儿期间形成的问题，在青春期，由于荷尔蒙的激增，性发育的同时被激发了出来。还有的研究者认为，恋物癖是在童年晚期或者青春期的时候发生，与青春期的发育特征和孩子手淫习惯有关。

行为学学者认为，任何行为都是习得性的，那么恋物癖也不例外。他们认为恋物癖可能是不当性行为的受害者，他们通过观察学习到了这种行为，不断地模仿和加强导致他们形成了这种偏好。或者是，这些孩子的行为也可能是由不良的儿童时期的经历引起的，他们可能被剥夺了正常的社会性接触，譬如遭受过性虐待，所以他们用社会上不被接纳的方式来寻求性满足。

恋物幻想不等同于恋物癖

10 岁男孩小郑的妈妈，晚上起夜的时候，顺路看了下儿子，谁知在给儿子盖被的时候发现，孩子竟然穿着她的丝袜睡觉。这吓坏了她，跟老公商量后，把孩子狠狠地批评了一顿，谁知过了几天在儿子的书包里又发现了两双丝袜。孩子该不是得了恋物癖吧？

2011 年的一项研究显示，有 30% 的男性称他们曾经有过恋物幻想，24.5% 的人称他们实施过恋物相关的行为。而这些有过恋物幻想的男性中，有 45% 的人承认因此感受到强烈的性兴奋。2014 年的研究中，同样显示了有 26.3% 的女性和 27.8% 的男性有过恋物幻想。然而，实际情况是，只有不到 1% 的人会因为自己有恋物的行为到精神科求诊。

约翰霍普金斯大学有学者认为，在 16 岁之前，不要诊断任何孩子有恋物癖。孩子因为青春期的原因，他们的性欲非常强，他们对性的兴趣也处于一个激增的时期。虽然早年的性行为的兴趣可能会延续到成年，但是即便是这样，对于有恋物幻想的青少年，他们性方面的兴趣可能也就是一个兴趣，并不意味着他会采取任何行动。

随着时代的变化，人们对于性的行为和态度观点也在不断发生变化。现在较为主流观点认为，恋物幻想是非常普遍的，并且在许多情况下是无害的。根据美国《精神障碍诊断与统计手册》的定义，只有当某种行为引起了当事人的困扰，干扰了当事人的正常生活，让其无法像正常人一样生活的时候，这才可能是出现了疾病。显然，很多人一直在幻想中，还自得其乐。

【家长该怎么做】

对恋物癖来说，至今在国际上都没有公认的特别有效的治愈方法。

在诊断方面，恋物癖的诊断需要至少 6 个月的时间内，发生了异常的性幻想或者性欲行为。

然而有很多人的这种幻想会自行出现、自行消失，这并不需要引起关注也不需要治疗。

如果家长发现孩子出现异常行为，并已经对家庭生活产生了影响，如果可能，需要家长和孩子一同去医院问诊。因为这是需要一个孩子和家长一起面对和解决的问题。

我认为我们应该关注的是如何保护好孩子，更好地帮助孩子顺利地进入青春期，健康地发展自己的性心理，防患于未然。

譬如，在孩子性别认同的关键期——3 岁左右，孩子对自己的性别已经有了基本的认知。这个时候，他们有了性意识的萌芽。所以家长要尽量避免一些不良的性刺激，譬如，男孩最好跟着爸爸一起洗澡，而不是跟妈妈一起。

妈妈也不要在男孩子面前穿得过于暴露。尽量避免过于亲昵的举动，譬如亲嘴、搂抱。妈妈也要把自己的私人女性物品收好，不要随意丢放。

如果在3岁前孩子是跟父母一起睡，那么3岁以后，孩子应该有自己独立的房间，独立睡觉。

家长不要觉得孩子还小，没有发育，就没有性的意识，随便地拿孩子开玩笑，挑逗孩子的性器官。

父母之间过分的亲热举动，还是应该尽量回避孩子。

家庭性教育的缺失，会让孩子像迷失在森林里的小鹿，辨别不清方向的孩子会歪打误撞，容易迷失。

家庭对待性方面的问题要持开放态度，不回避，不刻意，不强化，孩子有问题，正面回答；不去刻意地询问孩子与性相关的内容；不去强化孩子不经意的与性相关的行为。

不要让孩子过早地接触与性相关的内容，譬如，书籍、画报、游戏等。

尊重孩子的隐私，给孩子空间，让其自然地发展。

如果发现孩子有类似恋物的行为，父母的责备和打骂只会让事情越来越糟，父母不如放下心来，多观察一段时间，也给孩子一点时间，大多数孩子会顺利地度过这个特殊的时期。如果孩子的行为越来越严重，父母也不要过于紧张，还是要以平和的心态，找到适当的机会，跟孩子多聊天，多了解孩子最近的情绪动态、情感需求，尽量让孩子多说，父母多倾听，不指责、不评判。

第 5 节　性行为：送给孩子的成年礼

当婴儿的肌肉逐渐发达时，躺卧已经无法满足他的需求，他开始不断地练习俯卧、抬下巴、翻身、爬行、行走，作为家长，我们感到欣慰和愉快；当婴儿的牙齿逐渐拱出时，奶水已经不能够满足他的需求，他开始尝试各式各样的固体食物，我们感到满足和幸福；当孩子的性器官逐渐开始发育，他们开始关注自己身体的变化、开始对异性感兴趣、开始尝试性行为的时候，我们却开始感到焦虑和担心……

性行为是人类的正常行为之一，也是人类物种能够繁衍至今的原因。对青少年也是如此，当他们开始第二性征发育的时候，我们就该知道，性行为也应该随之而来。

【孩子产生性行为的心理解读】

性行为开始得越来越早了

美国一著名女性青少年杂志做过一个 7 万人的问卷调查，其中显示青少年性行为开始的年龄平均为 15 岁。研究还发现，男性青少年比女性青少年更可能报告自己发生过性关系并且性活动积极。在国内，2015 年发布的《大学生性与生殖健康调查》显示，中国 15 ～ 24 岁青少年首次性行为的平均年龄在 17 岁左右。然而，事实是，我们很难了解到青少年真正的性行为，人们很难正面回答这些过于隐私的问题，这些调查问卷的结果只是一个参考。

不同国家和性别之间，青少年第一次性经历的年龄可能有较大差异。即便是同一个国家，不同民族的性行为开始年龄也会有区别。在美国，非洲裔美国人性行为开始的年龄是最早的，大约在 15.5 岁，而亚裔美国人是最晚的，平均在 18.3 岁。

虽然我们没有办法获得准确性行为开始的时间，却清晰得知孩子们成熟得越来越早了。在 50 年前，女孩出现初潮的平均年龄为 13.5 ～ 14 岁，现在已经提前到 12 岁左右。第二性征的到来，让他们不得不开始考虑性的问题。

青少年的性行为是探索性的。他们一般从自身性行为开始，譬如，性幻想、自慰，等等。随着他们到了高中，他们开始从自身转向异性。他们往往是从接吻开始，然后是爱抚，最后是发生性关系。值得高兴的是，他们并不莽撞行事，无论在较为开放的北美还是在相对保守的亚洲，青春期性滥交的情况是很少见的，并且有一项英国的研究发现，因为互联网的出现，让青春期孩子的性行为推迟了。然而我们必须面对的现实是，随着当下不可逆转的青少年性早熟的影响，我们需要准备好，面对青少年晚期孩子们就开始迫不及待地性体验的这个事实。

青春期性器官的发育、第二性征的来临、激素的活跃会增加青少年对性的渴望。同时，同一性是青春期的主题，性的同一性也包含其中。性的同一性包括性取向，也包括性行为、性兴趣、性行为方式。孩子们需要学会控制自己不断出现的性感觉，确定自己的性取向、发展新的亲密关系，学习如何控制性行为，虽然它是一个生理上的变化，但社会、文化的因素会给予孩子引导。

同伴的影响

比起跟家长探讨性，男孩们更可能选择同伴来探讨性话题。他们同样面临着青春期的性冲动，同伴之间更容易彼此理解，性在此时是他们最关注的话题。朋友或者兄弟姐妹对性的看法、对性的评价、是否已经发生了性行为、自己是否可以完成性行为，这些都是他们探讨的内容。他们一同分享在电视、电影、互联网上看到的性的内容，分享所见所闻。甚至他们会有攀比之心，会存在同伴压力——如果我是唯一的处男怎么办。

对女孩来说，她们更愿意自己去幻想。女孩的性往往与爱情结合在一起。她们更倾向于把爱情作为性活动的主要动力。女性同伴们在一起会更关注自己的身体变化，更在意自己是否变得有魅力，即便是她们也有对性的好奇和性的欲望，但是她们在性行为中往往是被动的一方。女孩们在一起更喜欢探讨的是恋爱，她们喜欢被追求和拒绝追求者来证明自己的魅力，这是她们的同伴压力——如果没有人追求我，怎么办。

家庭影响

即便是东西方在性文化方面有一定差异性，但是家长对于青春期孩子的性行为态度基本是一致的。家长并不会主动地鼓励孩子去发生性行为，家长、学校都会不断地教导孩子们，避免过早的性行为的发生、避免怀孕、避免感染性病，但是与女孩不同的是，男孩的父母对于他们的性行为更为宽容，接受度也高一些。

社会影响

社会是复杂的，社会对于孩子们的影响也是多面的。媒体和网络一面在宣传形形色色的青春期性行为的负面消息，一面又在不断地用广告、电视节目暗示青少年要有魅力和吸引力。同时，社会还在向青少年传递着道德对性的约束。电影、电视、互联网上又充斥着方便、容易获得的露骨的色情内容，青少年就在这些矛盾的、混乱的信息中，寻找自己想要的内容，为自己的性行为做决定。

矛盾的青少年

相比较于男孩，女孩更容易处于是否发生性行为的矛盾中。她们很有可能迫于男性伴侣的压力而发生性行为（约 61% 的女孩会因为男孩的施压，导致与其发生性行为）。她们还要面对道德、社会、家长的教导带来的压力，承担怀孕的风险，同时，她们更在意性行为中的爱情成分。一项全美国范围内的调查中，有 45% 的女孩将自己是否被爱，作为是否发生性行为的决定依据，而男生只有 28%。

而对男孩来说，他们更在意自己的想法。他们不想被同伴嘲笑，他们更想做自己认为该做的事——当他们具备性能力之后，并且已经为发生性行为做好了准备。他们在性方面有更自由的空间，当然他们的性欲也更旺盛，而且相对于女孩矛盾、复杂的心情，性行为对男孩来说是积极的自我认同。

【家长该怎么做】

过早的性生活面临着各种性问题，譬如，16 岁之前发生性关系的青少年往往不能有效地利用避孕品，这让他们暴露在怀孕和性病感染的危险中。同时，他们还需要承担更多的压力，譬如，对父母隐瞒的内疚，对怀孕的担心，更在意亲密关系的程度，等等。这些无疑是给繁忙的学习生活又增添了一些干扰。

父母的态度很重要

研究表明，父母的教养可以帮助青少年降低早孕的风险，譬如，父母与青少年亲密情感和交往，父母对青少年外出活动的时间监管，父母对青少年性行为的反对态度，以及父母对青少年性行为提出避孕的要求。所以，如果我们还是选择当鸵鸟，来回避孩子的性成熟后需要面对的问题，那么我们恐怕会面对更多的问题。

增强孩子自我管理的能力

孩子的自我管理能力与其是否发生性行为有一定的关联性。

当孩子面对复杂的、混乱的与性相关的信息的时候，他们对自己性冲动的控制能力、对自己情绪的管理能力、对行为的自控能力，都将对性行为的控制发挥作用。所以，与其花工夫去反对孩子谈恋爱，惹孩子讨厌，不如将重点放在培养他们如何进行自我管理。

同伴也可以作为榜样来影响青少年的性行为，反之也成立。也就是说，如果老大没有做好性行为的自我管理，那么很有可能的结果就是，老二、老三跟着一路学习下去。

普及性知识

给孩子普及避孕和性知识，一定不是一件容易的事情，但是恐怕我们必须这样做，而且必须提前做。在孩子第一次性行为之前，就要让他们有意识地保护自己。好在现在会有很多媒体或者电视节目，帮助我们开始这个艰难的话题。会得到怎样的效果，取决于父母与子女之前建立的依恋关系和日常的沟通方式。碎碎念和家长制式的警告，肯定不会收到太好的效果。换位思考，如果我们回到十二三岁的时候，父母怎么说，我们才肯听呢？

拓宽孩子视野

帮助孩子拓宽视野，让孩子把视角更多地放在未来。当青少年能够为自己规划未来，设计自己未来的生活、职业、社会角色的时候，他们的青春期的同一性任务基本完成，他们已经成为自立的、独立的个体。这样的孩子会主动把自己的关注点放在学习成绩和与未来职业生涯相关的技能上，他们会花费更多的时间去学习、充实自己，这会帮助他们从性的思考中抽离出来。

第 6 节　性虐恋：将性满足和痛感联系在一起

为了吸引眼球，将性暴力浪漫化的电影越来越多。我们的孩子都在面对些什么？不要低估这些内容，即便是他们没有看过相关电影或者他们看不到电影，他们也正在吸收着这些信息，被潜移默化地改变着，影响着他们对性和爱的态度。

我们无法估计这些作品对孩子的影响。就好像《五十度灰》里，它在告诉男孩们，女孩们的骨子里想要的是征服、奴役、恐吓和胁迫她的人，同时，它在给女孩一个幻觉，以为控制、纠结、疼痛是爱情的必需品。而这一切都被包装上了华丽的外衣——亿万富翁、有超能力的吸血鬼。

换一个角度来看，这也是一次机会，当那些刺眼的图片和预告片从网络中出现的时候，我们找到了一次机会，跟我们的孩子来正面地面对性、爱和性爱，还有性虐恋（Sadomasochism）。

【孩子产生性虐行为的心理解读】

什么是性虐恋

性虐恋又被称为恋痛癖，类似于我们前面提到的恋物癖，是将物与性快感联系起来，性虐待是将性快感和痛感联系在一起的性活动，即通过疼痛而获得性快感的性活动。

性虐恋不同于性虐待（sex abuse），性虐恋是指参与者自愿且确保安全、理智的行为，而性虐待是一种性侵犯和虐待的犯罪行为。

对于性虐恋是否是正常的性行为的争论一直没有休止过。在国内，被公众知道的关于性虐恋的争论发生在性学家李银河和学者刘仰之间。性虐恋在很长的一段时间里被视为精神疾病，也曾被收录在《国际疾病与相关健康问题统计分类（第10版）》中，被认定为是一种性欲倒退。然而就如同性恋越来越被人们所接纳一般，随着公众对性认知的开放和宽容，性虐恋被认定为一种次文化状态。

性虐恋的成因并不明确

性虐恋的成因并没有统一的说法，我们很难说究竟是什么原因，导致有这样的性偏好。

心理学家斯多勒认为，性虐恋与儿时经历有关，譬如，儿时受过虐待。但是事实证明，情况与此截然不同甚至恰恰相反。很多儿童并没有被虐待，甚至连被家长体罚的行为都没有，他们是在温暖、溺爱的环境中长大的。

弗洛伊德解释了这个现象，他认为性虐恋是一种心理补偿——补偿内心的负罪感。同时他还认为，女性天性有受虐倾向，即女性喜欢并幻想被羞辱和虐待；而男性天生有施虐倾向。但是这一说法，被现代女权主义所质疑，同时这个理论又无法解释现实存在的男性被虐者的现象。

国内性学家李银河老师在中国做过的调查中又总结出一个规律：目睹家庭暴力或者自己曾被父母打骂的孩子，很难理解性虐恋行为，而只有成长环境中完全没有暴力行为的人才会钟爱这种游戏。同时，她认为弗洛伊德的观点是过时的——认定性虐恋是病态的。

与弗洛伊德的观点截然相反的是福柯，即性虐恋是一种“非病理学的”快乐，而世上没有任何快乐是“反常”的，这比较符合当下社会的性开放和对性的包容性。

还有的性虐恋的倾向源于焦虑感和恐惧感。一部分来自婴儿期的挫折感、疼痛感、不舒适感，这些在成长中逐渐内化为自我意识的一部分。伯格勒指出，婴儿时期的各种恐惧心理（害怕被饿死、憋死、杀死、阉割）是由其特征的自恋主义所导致的，有受虐倾向者的自我折磨正是超我的自我毁灭原则所造成的。

还有观点认为性虐恋来自对爱的渴求，父亲打我是因为爱我，他们在受虐的痛苦中找到了快乐，把被伤害当作自己被关注和被热爱的证明。

性虐恋的心理是复杂的，情感也是纠结的。特别是对青少年来说，我们不能简单地认为他们属于虐待型人格，或者是与早期童年经历有关，我们甚至很难说清楚他们是不是真的对性虐恋行为产生了迷恋，或许他们只是单纯的好奇、寻求刺激或者是尝试他们所没有尝试过的。

【家长该怎么做】

作为家长，即便是我们可以接受性虐恋的行为，但是对于我们的孩子，我个人的观点是：并不期待他有这样的行为，这也是我很反对这类电影或者文艺作品的原因。

对青少年来说，他们并没有成年，他们仍处于动荡期，他们的价值观、人生观、世界观和对爱情的认知都处于逐渐形成的时期。我们应该给予他们开放的世界，让他们自由地去了解他们愿意去了解的事情、去尝试他们想要尝试的内容，最终给自己一个判定，完成自己同一性的构建，形成最终的自己，走向成人。

但是，不得不承认的是青少年时期的他们缺少判断力和自控力，容易被表面的绚烂所诱惑。性虐恋文化是恋爱中的一种极端文化，是小众主义。我们不能否定这种文化的存在，因为存在即合理，很有可能多年以后，就如同性恋可以结婚一样，性虐恋文化从小众发展到被大众所知、所认可。但是对青少年来说，他们很难分清什么是爱、什么是虐、什么是性虐、什么是性虐恋。他们很容易把虐当成爱，把性虐当成性虐恋。这是作为父母担心的，也是社会应该承担的一部分责任。

就如学习游泳，当孩子在水性不好的时候，如果我们一把把他推进河里，他可能会在经历呛水、挣扎之后，彻底地学会了游泳；也有可能在经历这次痛苦后，彻底地放弃了游泳；还有可能发生意外而丧生，这是我们最不愿意也不想发生的。

性虐恋是一样的。除了肢体上的虐恋，我更担心的是心灵上的性虐恋。在他们还没有体验过、建立过真正的彼此信任、相互依靠的亲密关系的时候，他们会不会错把那些充满了疼痛感、纠结、伤害、苦涩的错爱当成是真爱，错把那些以折磨他们为乐趣的、轻视他们、忽略他人体会的错误的人当成是爱人？会不会让他们形成错误的爱情观，一味地去追求那种极致的、让人窒息的短暂的幻觉?

当然，赞成性虐恋的人认为性虐恋更体现了人与人之间的信任。特别是每一对性虐恋者，都是本着“安全、理智和自愿”的前提，甚至提出在施虐与被虐的过程中，他们建立了甚至比普通爱人更为坚定的信任、沟通、尊重和诚实。

或许这个活动适合可以为自己行为负责任的成年人，我们应该把它称为成年人的性爱活动。

我们可以尝试着从他们关注的电影开始这个话题。虽然他们可能会假装并不在意，但实际上，孩子们通常用这种漫不经心的形式来隐藏自己对事情的关注。

我们要让他们知道：

虐待有的时候会让他们感觉很浪漫，但更多的是残暴和血腥的体验。

爱情应该是自由的，并不是控制与被控制的关系。

无论打着怎样的爱的旗号，存在对身体的伤害都是一种错爱。

阴晴不定的爱，只能说明对方是不成熟的人，或者心理有巨大的创伤，这不是一个合适的对象。